世界自然遗产申报研究

蔚东英　冯媛霞
　　　　　　　　著
李振鹏　王　民

U0363820

中国环境出版社·北京

图书在版编目（CIP）数据

世界自然遗产申报研究/蔚东英等著. —北京：中国
环境出版社，2015.1
ISBN 978-7-5111-2211-7

Ⅰ．①世… Ⅱ．①蔚… Ⅲ．①自然保护区—研
究—世界 Ⅳ．①S759.991

中国版本图书馆 CIP 数据核字（2015）第 010460 号

出 版 人	王新程
责任编辑	孔 锦
责任校对	尹 芳
封面设计	宋 瑞

出版发行	中国环境出版社
	（100062 北京市东城区广渠门内大街 16 号）
	网　　址：http://www.cesp.com.cn
	电子邮箱：bjgl@cesp.com.cn
	联系电话：010-67112765（编辑管理部）
	发行热线：010-67125803，010-67113405（传真）
印　　刷	北京中科印刷有限公司
经　　销	各地新华书店
版　　次	2015 年 3 月第 1 版
印　　次	2015 年 3 月第 1 次印刷
开　　本	787×1092　1/16
印　　张	11.5
字　　数	240 千字
定　　价	59.00 元

编著人员

蔚东英（北京师范大学地理学与遥感科学学院）

李振鹏（住房和城乡建设部世界自然遗产保护研究中心）

冯嫒霞（北京师范大学地理学与遥感科学学院）

王　民（北京师范大学地理学与遥感科学学院）

安　超（住房和城乡建设部世界自然遗产保护研究中心）

孙　铁（住房和城乡建设部世界自然遗产保护研究中心）

刘红纯（住房和城乡建设部世界自然遗产保护研究中心）

马　莉（住房和城乡建设部世界自然遗产保护研究中心）

杨宏宇（住房和城乡建设部世界自然遗产保护研究中心）

何　露（住房和城乡建设部世界自然遗产保护研究中心）

序

世界遗产是传承自然演变和人类文明的重要载体，其本身所蕴含的最珍贵的价值告诉我们：当代人承担着将遗产的"过去"传递给"将来"的责任。近年来，包括中国在内的世界各国的自然和文化遗产受到的威胁逐步增加，保护面临的挑战越来越大，而任何文化和自然遗产的破坏或灭失都会对人类造成重大的损失和遗憾。联合国教科文组织于 1972 年 11 月 16 日通过《保护世界文化和自然遗产公约》，使整个国际社会提供集体性援助，参与保护具有突出普遍价值的文化和自然遗产。该公约的其中一项重要任务就是确定全世界范围内的重要自然与文化遗产，将那些被认为具有突出普遍价值的文物古迹和自然景观列入《世界遗产名录》，以便于国际社会将其作为人类共同遗产加以保护。

目前（截至 2014 年）世界上共有 1007 处世界遗产，其中包括 779 处世界文化遗产，197 处世界自然遗产，31 处世界文化和自然双遗产。从数量上看，世界文化遗产的数量远远大于世界自然遗产和双遗产的数量。这种数量上的差异反映了世界文化遗产和世界自然遗产发展不均衡的现象。2000 年第 24 届世界遗产大会澳大利亚凯恩斯会议，出台了《凯恩斯决议》试图"抑制不均衡发展"：已有世界遗产的《世界遗产公约》缔约国每年只能申报一项世界遗产。第 28 届世界遗产大会在中国苏州召开，会议提出修正案，协商后确定为：已有世界遗产的缔约国每年最多可申报两项世界遗产，但其中必须有一项是自然遗产。不难看出，联合国教科文组织已经加大了对世界自然遗产的重视程度，同时，世界自然遗产也势必将成为未来的申报重点和发展新趋势。为此，适应联合国教科文组织对申遗的新规定，加大对世界自然遗产的研究就显得十分迫切和必要。

中国于 1985 年 11 月成为《世界遗产公约》的缔约国。截至 2014 年 7 月，经联合国教科文组织审核批准列入《世界遗产名录》的世界遗产共有 47 项，其中自然遗产有 10 项，自然和文化双遗产有 4 项。中国是一个资源大国，自然资源丰富，而且很多遗产地具有地貌多样性、生物多样性和景观多样性等优势，除了以上 14 项世界遗产，仍然有许多潜在的自然遗产地有望成为世界自然遗产或双遗产。通过全面、仔细地研究目前的世界自然遗产或世界自然和文化双遗产的种类、遗产价值、入选标准，以及申报规则和申报实践经验，能够为我国未来的世界自然遗产申报和管理工作提供技术支撑。

　　本书从全球范围内的世界自然遗产角度入手，针对世界自然遗产或世界自然和文化双遗产评估的"全球对比"原则，重新审视中国世界自然遗产的申报方向，有助于加强和推进我国的世界自然遗产申报与布局。通过研究全球世界自然遗产的类型和相对应的数量，以及中国已申报成功的世界自然遗产种类、入选标准和申报经验，分析中国的世界遗产申报潜力，为中国今后的世界自然遗产或世界自然和文化双遗产申报工作提供了经验和启示。

　　非常欣慰此书的出版，势必会对中国世界自然遗产申报和潜在遗产资源的挖掘、评估和保护起到积极的作用。

章林伟

2015 年 1 月 15 日

目　录

第一章 绪 论

第一节 世界自然遗产简介

一、世界遗产

世界遗产是具有特殊文化或自然意义而被联合国教科文组织列入《世界遗产名录》的自然区域或文化遗存。世界遗产体现了地球多样性和人类成就，它们是美丽与奇迹、神奇与壮丽、记忆与遗传之地。简言之，它们代表了地球美好之最。世界遗产作为传承人类的文明和自然演变之载体，其本身所蕴含的最珍贵的价值告诉我们：当代人承担着将遗产的"过去"传递给"未来"的责任。文化遗产和自然遗产受到将被破坏的威胁，而任何文化和自然遗产的破坏或丢失都会对世界遗产造成有害影响[①]。

1972年11月16日，联合国教科文组织大会第17届会议在巴黎通过了《保护世界文化与自然遗产公约》（以下简称《公约》）。根据该《公约》，设立了世界遗产委员会（World Heritage Committee）和世界遗产基金（World Heritage Fund）。联合国教科文组织世界遗产委员会是政府间组织，由21个成员国组成，负责《公约》的实施。世界遗产委员会主席团由委员会内的7名成员构成，主席团每年会举行两次会议，负责委员会的筹备工作。世界遗产委员会每年在不同的国家举行一次世界遗产大会，会议的议题主要是决定哪些遗产可以进入《世界遗产名录》，对已列入名录的世界遗产的保护工作进行监督指导。世界遗产委员会设立了"世界遗产基金"，对为保护遗产而申请援助的国家给予技术和财力援助。

联合国教科文组织专门设置了世界遗产中心（World Heritage Centre），又称为"公约执行秘书处"。该中心协助缔约国具体执行《公约》，对世界遗产委员会提出建议，执行世界遗产委员会的决定。联合国教科文组织世界遗产委员会为了提高保护、评审、检测、技术援助等工作的水平，还特别邀请了世界自然保护联盟（The World Conservation Union，IUCN）等国际上有权威的专业机构作为专业咨询。凡遗产的考察、评审、监测、技术培训、财政与技术援助等均由世界自然保护联盟、国际古迹遗址理事会、国际文物

---

① 刘红婴，王健民. 世界遗产概论[M]. 北京：北京旅游教育出版社，2005.

保护与修复研究中心进行协助。

二、世界自然遗产[1]

世界遗产分为自然遗产、文化遗产、自然与文化双遗产三大类。世界自然遗产是世界遗产的一部分，是被联合国教科文组织列入《世界遗产名录》的自然遗产[2]。《保护世界文化和自然遗产公约》对"自然遗产"的定义为：①从审美或科学角度看，具有突出的普遍价值的由物质和生物结构或这类结构群组成的自然面貌；②从科学或保护角度看，具有突出的普遍价值的地质和自然地理结构以及明确划为受威胁的动物和植物生境区；③从科学、保护或自然美角度具有突出的普遍价值的天然名胜或明确划分的自然区域。

目前（截至 2014 年）世界上共有 1007 处世界遗产，其中包括 779 处世界文化遗产，197 处世界自然遗产，31 处世界文化和自然双遗产。我国 1985 年 12 月成为《世界文化与自然遗产公约》的缔约国，1987 年开始世界遗产名录的提名工作，截至 2014 年 12 月，我国其中包括文化遗产 33 项（含跨国项目 1 项；丝绸之路；长安—天山廊道路网），自然遗产 10 处，自然与文化遗产 4 处。

三、世界自然遗产的提名、申报和评估[3]

世界遗产从开始筹备申报，到最后提名成功经历了三个主要的过程，其中缔约国和联合国教科文组织都分别承担了大量的工作，具体如图 1-1 所示。

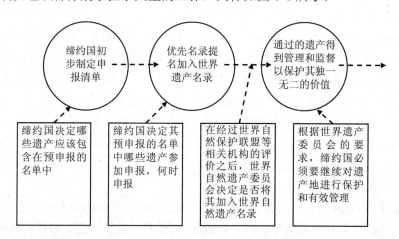

图 1-1 认证过程的不同阶段以及缔约国和联合国教科文组织世界遗产委员会的主要响应[4]

---

① UNESCO.Convention Concerning the Protection of the World Cultural and Natural Heritage. http://Whc.unesco.org/en/conventiontext，2005.

② 任远，熊康宁，肖时珍. 中国世界自然遗产地资源保护与管理研究进展及启示[J]. 安徽农业科学，2011，39（7）：4016-4108.

③ 蔚东英，何亚琼.国土资源知识公众化传播场所评价技术体系研制课题进展报告，2012.

④ Duncan Marshall. Preparing World Heritage Nominations. First Edition，2010.

联合国教科文组织世界遗产委员会邀请世界自然保护联盟负责对申报的世界自然遗产进行评估。世界自然遗产的评估标准主要是《保护世界文化和自然遗产公约操作指南》中世界遗产入选标准的标准（x）、标准（ix）、标准（viii）、标准（vii）。世界自然保护联盟对申报的世界遗产进行技术评价，评价以《公约》为运作准则，整个评价过程为期一年。世界自然保护联盟在每年 4 月对收到的提名展开评价，与次年 5 月向世界遗产中心提交评价报告。具体的流程如下：

（1）资料组合：使用提名文件、保护区世界数据库和其他有价值的参考资料编制一份标准的资料清单。

（2）外部审核：提名文件发送给熟知拟申遗景区优势及其自然价值的专家，这些专家包括世界保护委员会、其他世界自然联盟专家委员会、科学组织或该区域非政府组织的成员（每年有 100～150 名外审专家参与）。

（3）外地工作团：工作团设计了一名或多名世界自然保护联盟和外省专家，来和相关的国家和当地管理人员、社区、非政府组织和股东一起讨论提名。工作会议通常在 5 月和 11 月展开。如果存在了混合遗产和特定的文化景观，工作团将由国际古迹遗址理事会协助。

（4）世界自然保护联盟世界遗产小组审查：世界自然保护联盟世界遗产工作组每年会面一次，通常是 11 月份在瑞士世界自然保护联盟总部来审查每一个工作团。第二次会议或者电话会议通常是在次年 3 月份。小组深入审查提名文件，外部工作团报告，来自外部专家的评价，资源资料清单和其他相关的文件，为世界自然保护联盟提供技术性的意见，也为每一个提名提供建议。最终的报告得以准备并于 5 月份呈给世界遗产中心，以便发送给世界遗产委员会成员。

（5）最终建议：世界自然保护联盟在每年 6 月或 7 月年会之际，向世界遗产委员会提交评价过程的结果和建议，并反映存在的问题。世界遗产委员会最终决定是否提名。

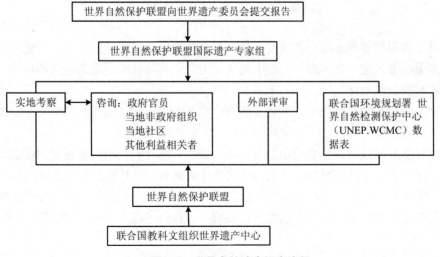

图 1-2 世界自然遗产评审流程

第二节　世界自然遗产的发展现状

世界自然遗产从 1978 年的第一批 4 项发展到 2014 年的 197 项，平均每年约 5 项。由图 1-1 可知，自然遗产的申报与审批波动较大，1999 年通过审批进入《世界遗产名录》的世界自然遗产最多，2002 年则没有入选项。与文化遗产增长相比，自然遗产的增长速度略显缓慢[①]。

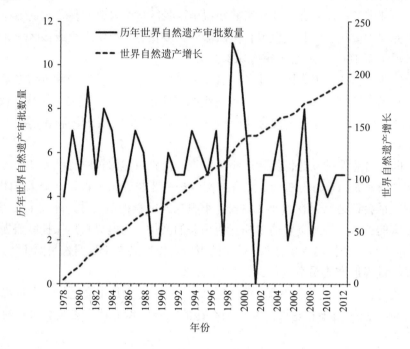

图 1-3　世界自然遗产数量与增长情况

世界自然遗产多种多样，在《世界遗产名录》的世界自然遗产中，很多遗产地往往以符合多项标准入选。众多遗产地集中优化了大自然组成要素中最为优秀的内容，形成了蔚为壮观的自然奇观[②]。

在未来的世界遗产申报中，世界自然遗产将是未来申报的重点和热点之一，具有重要的遗产研究价值。

世界自然遗产地域分布表现出显著的不平衡性，现有自然遗产相对集中在美洲、非洲和大洋洲。从世界自然遗产在各大洲的结构分布来看，自然遗产在各大洲的分布相对较平衡。就各大洲本土的遗产结构比例而言，亚洲和欧洲三类世界遗产的数量比例相差较大，文化遗产的数量远多于自然遗产和双遗产。目前（截至 2014），世界上共有 1007

① 张忍顺，蒋姣芳，张祥国. 中国"世界自然遗产"资源现状特征与发展对策[J]. 资源科学，2006，28（1）：186-190.
② 张忍顺，张祥国，蒋姣芳，等. 世界自然遗产事业发展潜势分析[J]. 地理与地理信息科学，2006，22（1）：57-61.

处世界遗产，其中包括 779 处世界文化遗产，197 处世界自然遗产，31 处世界自然与文化双遗产。从数量上看，世界文化遗产的数量远远大于世界自然遗产和双遗产的数量。这种数量上的差异在一定程度上反映了世界文化遗产和世界自然遗产发展不均衡的现象。

2000 年第 24 届世界遗产大会在澳大利亚凯恩斯举行，会议出台的《凯恩斯决议》试图抑制世界文化遗产和自然遗产的"不均衡发展"。根据《凯恩斯决议》，已有世界遗产的《保护世界文化和自然遗产公约》缔约国每年只能申报一项世界遗产。在 2004 年第 28 届世界遗产大会中国苏州会议上，中国对《凯恩斯决议》提出修正案，协商后确定为：①世界遗产委员会最多审查缔约国的两项完整申报，其中至少有一项与自然遗产有关；但在 4 年的试验基础上，缔约国有权根据其国家优先顺序、历史和地理特征选择申报的性质是属于自然遗产还是人文遗产。②确定委员会每年审查的申报数目不超过 45 个，其中包括往届会议推迟审议的项目、再审项目、扩展项目（遗产限制的细微变动除外）、跨界项目和系列项目。不难看出，联合国教科文组织已经加大了对世界自然遗产的重视程度，同时，世界自然遗产也将是"申遗"的新趋势。

同时，《保护世界文化和自然遗产公约操作指南》明确指出"构建具有代表性、平衡性、可信性的《世界遗产名录》的全球战略，旨在明确并填补《世界遗产名录》的主要空白。"因此对于遗产类别和类型的研究就十分必要。目前，很多学者根据《世界遗产名录》自然遗产的 4 条入选标准，将世界自然遗产分为地球演化（地质景观、化石遗址、火山和喀斯特地貌）、生物进化（生物进化和生态系统）、自然景观和生物保护区（野生动植物、生物多样性和生物栖息地）四类[①]。但是由于很多世界自然遗产都因符合 2~3 条入选标准而进入《世界遗产名录》，如果利用上述世界自然遗产的分类体系，在分类时，符合多条入选标准的遗产地则没有严格的分类界限，比如云南三江并流保护区、西澳大利亚鲨鱼湾、塔拉曼卡-拉阿米斯泰德保护区、雷奥普拉塔诺生物圈保留地、黄石国家公园等自然遗产都是均符合世界自然遗产全部 4 条入选标准而进入《世界遗产名录》，若按照上述分类体系，这些遗产地可以归入上述 4 种分类的任何一种类型。因此，需要对世界自然遗产的分类进行进一步的探索研究。

第 28 届世界遗产大会的各种信息表明，世界遗产中心正从全球角度对世界遗产事业和遗产保护现状进行深入全面的审视与评估，并着手改善各遗产类型及其地域分布的不均衡性。《凯恩斯决议》的修订试图解决自然遗产相对于文化遗产的不均衡性问题。文化遗产评估标准（v）的扩充以及新列入"名录"的文化景观的特征表明比以往更深入地了解自然环境与特征对地域文化的巨大影响，从而提高对世界自然遗产的认识水平；进一步突出生态、地质演进及生物多样性的价值；世界遗产更趋于多元化发展。

---

① 孙克勤.世界文化与自然遗产概论[M]. 2 版. 武汉：中国地质大学出版社，2012：211-255.

第二章　世界自然遗产OUV介绍

根据《世界文化与自然遗产公约操作指南》，突出普遍价值（Outstanding universal value，OUV）就是文化及/或自然重要性非同寻常以至于超越国界而对于当代和未来整个人类都具有普遍意义。联合国教科文组织世界遗产委员会邀请各缔约国申报其认为具有"突出普遍价值"的文化或/和世界自然遗产，以列入《世界遗产名录》。遗产列入《世界遗产名录》时，世界遗产委员会会通过一个《突出普遍价值声明》，包括委员会关于该遗产具有突出的普遍价值的决定摘要，明确遗产列入名录所遵循的标准。

如果遗产符合下列一项或多项标准，委员会将认为该遗产具有突出普遍的价值。所申报遗产因而必须：

标准（i）：代表一项具有人类创造性天赋的杰作。

标准（ii）：展现了一段时期中或某一世界文化区域内，有关建筑或技术、纪念物艺术、城市规划或景观设计的人类价值的重要交替。

标准（iii）：为某一现存或业已消失的文化传统或某一文明提供一种独特的至少是特殊的见证。

标准（iv）：作为说明人类历史中某一（些）意义重大阶段的某一类型的建筑物，建筑或技术整体，或景观风格的突出范例。

标准（v）：作为代表某一或（某些）文化的传统人类聚落、土地利用或海洋利用，或人类与环境的相互作用的突出范例，特别是它在不可逆转的影响下业已变得脆弱的情况下。

标准（vi）：与具有突出普遍价值的事件或者与现有传统、思想、信仰、艺术和文学作品有着直接或实质联系（委员会认为该标准与其他标准一起使用更为可取）。

标准（vii）：包含绝佳的自然现象或是具有特别的自然美和美学重要性的区域。

标准（viii）：构成地表地球演化史中重要阶段的突出例证，包括有生命的记录、在土地形成式演变中重大的持续地质过程的记录，或重大的地貌或自然特征的记录。

标准（ix）：是构成代表进行中的重要地质过程、生物演化过程以及人类与自然环境相互关系的突出例证，表现陆地、淡水、海岸和海洋生态系统及动植物群落进化和演变中重大的持续的生态和生物过程的重要实证。

标准（x）：包含有最重要和最有意义的自然栖息地，目的在于保护原有生物多样性和那些从科学和保护角度看具有显著世界级价值的濒危物种。

其中标准（vii）、标准（viii）、标准（ix）、标准（x）适用于自然遗产，其他适用于文化遗产。

第一节 世界自然遗产 OUV

笔者根据世界遗产委员会对《世界遗产名录》中的世界自然遗产的《突出普遍价值声明》，翻译整理如下表。[①]

编号	遗产地名称	类型	入选时间/年份	入选标准		国家
1	Iguazu National Park 伊瓜苏瀑布国家公园	N	1984	（vii）（x）	该公园中心是一个半圆形瀑布群，高约 80 米，直径达 2 700 米，处于玄武岩地带，横跨阿根廷与巴西两国边界。瀑布群由许多小瀑布组成，产生了大量水雾，是世界上最壮观的瀑布之一。瀑布周围生长着 2 000 多种亚热带雨林的维管束植物，是南美洲有代表性的野生动物貘、大水獭、吼猴、虎猫、美洲虎和大鳄鱼的快乐家园。 标准（vii）：阿根廷伊瓜苏国家公园和她的姐妹世界遗产地巴西伊瓜苏国家公园保护着世界上最大和最壮观的瀑布之一，由众多瀑布和湍流组成，瀑布宽将近 3 千米，被郁郁葱葱且多样化的亚热带阔叶林包围着。 标准（x）：阿根廷伊瓜苏国家公园加上与之毗邻的巴西伊瓜苏国家公园，以及相邻的保护区域，构成了最大的单一保护遗迹——巴拉纳亚热带雨林，隶属于内部的大西洋森林。	Argentina 阿根廷
2	The Los Glaciares National Park 冰川湾国家公园	N	1981	（vii）（viii）	冰川湾国家公园风景秀美，峰峦叠嶂，冰川湖泊星罗棋布，其中包括长达 160 千米的阿根廷湖。在遥远的源头，三川汇流，奔涌注入奶白色冰水之中，将硕大的冰块冲到湖里，冰块撞击如雷声轰鸣，蔚为壮观。	Argentina 阿根廷
3	Península Valdés 瓦尔德斯半岛	N	1999	（x）	瓦尔德斯半岛是全球海洋哺乳动物资源的重点保护区，也是濒危的南美露脊鲸以及南美海豹和南美海狮的重要繁衍生息地。这个地区的露脊鲸还具有独特的捕猎技巧，可以适应当地的海洋条件。 世界遗产委员会根据标准（x）将瓦尔德斯半岛列入世界遗产名录中。 瓦尔德斯半岛包含了对就地保护具有突出普遍价值的几种濒危物种而言很重要的天然栖息地。特别是它对于南美露脊鲸的保护尤其重要，南美露脊鲸是一种濒危物种。瓦尔德斯半岛如此重要也是因为在这里繁育的南美海豹和南美海狮。这个地区展现了在当地沿海条件下与捕猎技术相互适应的杰出范例。	Argentina 阿根廷

[①] http://whc.unesco.org/en/list/.

编号	遗产地名称	类型	入选时间/年份	入选标准		国家
4	Ischigualasto/Talampaya Natural Parks 伊沙瓜拉斯托－塔拉姆佩雅自然公园	N	2000	(viii)	伊沙瓜拉斯托－塔拉姆佩雅自然公园，这两个公园相邻，坐落在阿根廷中部彭巴山（the Sierra Pampeanas）西麓的沙漠地区，绵延 275 300 公顷，保存有三叠纪（2.45亿—2.08 亿年前）最为完整的大陆化石。公园内的六个地质层含有哺乳动物先祖、恐龙以及各种植物化石，反映了脊椎动物的进化过程及三叠纪时期古代的自然环境。标准（viii）：该遗产地保存有三叠纪时期（4 500 万年）完整的陆相沉积化石，代表了三叠纪时期的地质历史。世界上其他地方的化石记录没有一个可以与之媲美，伊沙瓜拉斯托－塔拉姆佩雅自然公园的化石揭示了脊椎动物的生命进化过程和三叠纪时期古环境的自然特点。	Argentina 阿根廷
5	Great Barrier Reef 大堡礁	N	1981	(vii)(viii)(ix)(x)	大堡礁位于澳大利亚东北海岸，这里物种多样、景色迷人，有着世界上最大的珊瑚礁群，包括 400 种珊瑚、1 500 种鱼类和4 000 种软体动物。大堡礁还是一处得天独厚的科学研究场所，因为这里栖息着多种濒临灭绝的动物，比如儒艮（"美人鱼"）和巨星绿龟。标准（vii）：大堡礁无论是水上的景观还是水下的景观，都是绝妙的自然美景，为我们展现了地球上最壮美的景观。它是从太空上可以看到生物的景观之一，是沿澳大利亚东北海岸延伸的复杂珊瑚礁结构。标准（viii）：大堡礁沿着昆士兰海岸延伸2 000 千米，是一个有千年发展的全球生态系统的杰出范例。该地区已经被至少 4 个冰期和间冰期循环所淹没和暴露，在过去的15 000 多年里，珊瑚礁已经构建了大陆架。标准（ix）：全球重要的珊瑚礁和岛屿形态的多样性反映了正在进行的地貌、海洋和环境过程。这一复杂的跨陆架，沿岸和垂直的连接受动态洋流和正在进行的生态过程，如涌流、幼虫分散和迁移的影响。标准（x）：大堡礁的巨大规模和多样性意味着它是地球上最丰富和最复杂的自然生态系统之一，最重要的生物多样性保护区之一。这一地区惊人的生物多样性支撑着成千上万的海洋和陆地物种，其中许多物种是具有全球保护意义的。	Australia 澳大利亚

编号	遗产地名称	类型	入选时间/年份	入选标准		国家
6	Lord Howe Island Group 豪勋爵群岛	N	1982	（vii）（x）	豪勋爵群岛，这是典型的孤立海洋群岛，由海底 2 000 多米深处的火山喷发而形成。群岛地形独特，岛上有大量当地的特有物种，特别是鸟类。 标准（vii）：豪勋爵群岛地形宏伟，在很小的范围内，有多样的壮观景观，包括纯粹的山坡、包围着潟湖的弧状丘陵，以及从海洋崛起的球金字塔。它被认为是从海洋火山系统发展而来的岛屿系统的突出代表，它几乎展示了完整的大盾火山的破坏阶段。拥有世界上最南端的珊瑚群，它是海藻和珊瑚礁之间过渡地带的罕见例子。许多物种都处于生物限制内，特有性高，是温带和热带形式的独特组合。 标准（x）：豪勋爵群岛是通过发展形态特征而适应海岛生态环境的岛屿生物群的一个突出范例。大量的特有物种或者亚物种的植物和动物在一个有限的区域内进化。景观和生物群的多样性，以及濒危物种和特有物种的高数量使这些岛屿成为独立进化过程的突出例子。	Australia 澳大利亚
7	Gondwana Rainforests of Australia 澳大利亚冈瓦纳雨林	N	1986	（viii）（ix）（x）	澳大利亚冈瓦纳雨林由若干保护区组成，雄踞在澳大利亚东海岸的大陡坡附近。盾状火山口群的地质特点和大量珍稀濒危雨林物种使得该保护区在国际上具有很高的科学价值和保护价值。 标准（viii）：澳大利亚冈瓦纳雨林为正在进行的重要地质过程提供了一个突出的例子。当冈瓦纳分裂之后，澳大利亚从南极洲分离出来时，新的大陆边缘形成。沿澳大利亚东部边缘而形成的边缘其特点是不对称的膨胀边缘，与海岸线平行，且侵蚀导致了大分水岭和大悬崖的形成。在新生代期间，由于澳大利亚大陆板块移动到地球上的一个热点，这一东部大陆边缘经历了火山活动。东海岸沿岸的火山陆续爆发最终形成了 Tweed，Focal，Peak，Ebor 和 Barrington 火山盾。火山的顺序很重要，因为可以通过研究这些火山遗迹与东部高地的相互作用，而判断澳大利亚东部地质演化的时间。	

编号	遗产地名称	类型	入选时间/年份	入选标准	国家
7	Gondwana Rainforests of Australia 澳大利亚冈瓦纳雨林	N	1986	（viii）（ix）（x）	标准（ix）：冈瓦纳雨林不仅是地球进化史重要阶段的突出例子，也是正在进行的进化过程中重要阶段的突出例子。其所代表的主要阶段包括以世界蕨类植物的最古老元素为代表的石炭纪时期的"蕨类植物时代"，还包括 Araucarians（世界上最古老和最原始的针叶树）的重要生存中心的侏罗纪时期的"针叶林时代"。同样地，冈瓦纳雨林提供了记录"被子植物时代"的突出记录。这一记录包括起源于在早白垩纪的原始开花植物特有的第二中心，代表晚白垩纪中期的双子植物的主要辐射的被子植物类群的多样化组合，代表第三纪"黄金时代"的澳大利亚雨林进化历史的独特记录，现代澳大利亚温带雨林祖先中新世植被的独特记录。冈瓦纳雨林还包含大量的鸣禽物种，包括琴鸟（琴鸟科）、薮鸟（薮鸟科）、旋木雀（旋木雀科）、园丁鸟、猫鹊（园丁鸟科），属于一些晚白垩纪进化的最古老的雀形目鸟类谱系。冈瓦纳雨林是远古谱系中其他脊椎动物和无脊椎动物遗迹的突出范例，冈瓦纳大陆的解体也发生于此。	Australia 澳大利亚
8	Wet Tropics of Queensland 昆士兰湿热带地区	N	1988	（vii）（viii）（ix）（x）	昆士兰湿热带地区位于澳大利亚东北海岸线上，长约450千米，主要由热带雨林构成。这里的环境特别适于不同种类的植物、有袋动物以及鸟类生存，同时也给那些稀有濒危动植物提供了生存的条件。标准（vii）：潮湿的热带地区具有特殊的自然之美，其特点是以广泛的森林景观、野生河流、瀑布、险峻的海岸风光为特色，它正处于丹特里河和雪松湾的中间，这里有热带雨林和靠近珊瑚礁的白色沙滩相结合的特殊海岸景观。蜿蜒的 Hinchinbrook 海峡包含该地区最广泛的红树林，提供了丰富的热带雨林和红树林以及和大堡礁连接的陆地景观。标准（viii）：湿热带雨林是陆地植物演替过程中最重要阶段的最完整和最多样化的记录之一，从200多万年前最早的蕨类植物，包括苏铁和南部针叶树（裸子植物），到开花植物。标准（ix）：湿热带雨林提供了正在进行的重要生态过程和重要的生物进化例子。	

编号	遗产地名称	类型	入选时间/年份	入选标准	国家
9	Shark Bay，Western Australia 西澳大利亚鲨鱼湾	N	1991	西澳大利亚鲨鱼湾位于澳洲大陆最西端，由许多岛屿及周边陆地组成，有三个独具一格的自然特点：拥有世界上最大的海床（4 800 平方千米）和最丰富的海草资源；拥有世界上数量最多的儒艮（海牛）；拥有大量叠层石（叠层石是由大量海藻形成的硬质圆形沉积物，是地球上最古老的生命形式之一）。鲨鱼湾还是五种濒危哺乳动物的栖息地。 标准（vii）：西澳大利亚鲨鱼湾是最绝妙的自然现象之一，其特色之处在于这里的叠层石，叠层石代表着地球上最古老的生命形式，可以与活化石相媲美。 标准（viii）：西澳大利亚鲨鱼湾在高盐度的哈梅林池，包含世界上最丰富和最多样化的叠层石（由微生物构成的坚硬、圆顶形结构）例子。相似的结构主宰地球上的海洋生态系统超过 3 000 百万年。 标准（ix）：西澳大利亚鲨鱼湾提供了一个在很大程度上没有多大变化的生物和地貌演化过程的杰出范例。这些包括海湾的水文生态系统的演化、哈梅林池的水文环境以及正在进行的生物避难所的物种形成、继承和创造过程。 标准（x）：西澳大利亚的鲨鱼湾是许多全球濒危植物和动物物种的避难所。	Australia 澳大利亚
10	Fraser Island 弗雷泽岛	N	1992	弗雷泽岛与澳大利亚东海岸隔海相望，长 122 千米，是世界上最大的沙岛。从海滩往岛内延伸，除了长在沙土之中的高大茂密的热带雨林，还有世界上半数的淡水沙丘悬湖。移动的沙丘、热带雨林和湖泊一起构成了这个岛屿独一无二的景观。 标准（vii）：弗雷泽岛是世界上最大的沙滩岛，具有很多美丽的景观。该地区有 250 多千米明确的沙滩，这里有绵长的，未受干扰的海岸，包括 40 多千米惊人的彩砂悬崖，以及壮观的井喷海洋沙滩。内陆海滩是雄伟高大的生长在沙丘遗迹上的热带雨林，这种现象被认为是世界上独一无二的景观。全球最大的一个沙岛潜水含水层也在这里找到。 标准（viii）：该遗产表示正在进行的重大地质过程，包括沿岸漂移的一个突出的例子。这一巨大的海岸沙丘系统是世界上最长、最完整的年龄序列的一部分，并仍在不断发展之中。 标准（ix）：该遗产代表正在进行的重大生物过程的杰出范例。这些过程都发生在砂质媒介中包括生物适应性（如不寻常的热带雨林演替）、生物进化（如罕见的生物地理意义的植物和动物物种的发展）。	

入选标准 9: (vii) (viii) (ix) (x)

入选标准 10: (vii) (viii) (ix)

编号	遗产地名称	类型	入选时间/年份	入选标准		国家
11	Australian Fossil Mammal Sites (Riversleigh/ Naracoorte) 澳大利亚哺乳动物化石地（里弗斯利/纳拉库特）	N	1994	(viii) (ix)	澳大利亚哺乳动物化石地（里弗斯利/纳拉库特），分别位于东澳大利亚北部和南部的里弗斯利和纳拉库特，它们都位居世界十大化石景点之列，完美地展示了澳大利亚特有动物群的各个进化阶段。 标准（viii）：这些沉积化石是代表地球历史主要阶段的杰出案例，包括生命的记录。里弗斯利提供了卓越的独特的案例，在许多情况下，从渐新世至中新世哺乳动物组合，涵盖从 10 万～30 万年前的沉积化石。 标准（ix）：这两个地方为世界上最孤立的大洲之间的动物演化的关键阶段提供了补充证据。现在澳大利亚的哺乳动物谱系的历史可以通过这些沉积化石进行追溯，因此，可以更好地理解哺乳动物和他们生存环境之间的关系。	
12	Heard and McDonald Islands 赫德岛和麦克唐纳群岛	N	1997	(viii) (ix)	赫德岛和麦克唐纳群岛位于南大洋，距南极洲约 1 700 千米，离佩思（Perth）西南部约 4 100 千米。作为亚南极唯一的活火山群岛，这两个岛屿打开了"地球心底之窗"，为人类提供了观察正在进行的地貌变化过程和冰河运动的机会。赫德岛和麦克唐纳群岛与众不同的保护价值在于，该群岛保留了世界罕见的早期岛屿生态系统，它从未受到过来自本生态系统外的生物影响，也没有受到过人类的影响。 标准（viii）：赫德岛和麦克唐纳群岛包含发生在一个基本没有受到干扰的环境中的正在进行的地质过程的杰出案例，尤其是物理过程可以帮助我们更好地理解海洋和大陆形成、大气和海洋变暖过程中地壳板块的作用。 标准（ix）：赫德岛和麦克唐纳群岛是代表正在进行的重要的生物、生态和进化过程的杰出范例。作为唯一的亚南极岛屿几乎没有迁移物种，几乎没有被人类改变，它们是亚南极岛屿种群的经典例子，海洋鸟类和海洋哺乳动物数量众多，达到数百万只，但是物种多样性低。这些完整的生态系统为调查动植物物种数量的动态变化的生态研究提供了可能性，也为监测更大的南部海洋生态系统的健康和稳定性提供了可能性。	Australia 澳大利亚

编号	遗产地名称	类型	入选时间/年份	入选标准	国家
13	Macquarie Island 麦夸里岛	N	1997	（vii）（viii）麦夸里岛（长34千米，宽5千米）是位于南大洋的一个海岛，距塔斯马尼亚（Tasmania）东南部1 500千米，大约相当于从澳大利亚到南极洲的一半路程。由于印度洋板块和太平洋板块在这里互相挤压，使得麦夸里海脊的最高部分露出了海面，形成了现在的麦夸里岛。这个地区有极其重要的地理保护意义，是地球上唯一一处从地幔（海底以下6千米深处）开始向上运动而露出海面的岩石，这些露出海面的特殊岩石包括枕状玄武岩和其他突出的岩石。标准（vii）：麦夸里岛孕育并创造了这里的壮丽奇观，自然风景美丽，有巨大的企鹅和海豹群，被形容为广阔的南大洋的一个小斑点。标准（viii）：麦夸里岛和其远离中心的小岛具有地质独特性，是地球上唯一的地幔岩石正在积极暴露在海平面以上的地方。	Australia 澳大利亚
14	Greater Blue Mountains Area 大蓝山山脉地区	N	2000	（ix）（x）大蓝山山脉地区占地103万公顷，由砂岩高原、悬崖和峡谷构成，大部分被温带桉树林覆盖。这一遗产地有八个保护区，展示了澳洲大陆在冈瓦纳（Gondwana）分离后桉树种群进化的适应性和多样性。大蓝山山脉地区共有91种桉树，因而这一地区也以其桉树结构和生态多样性以及栖息物种的丰富性而著名。同时，这一地区还充分展示了澳大利亚丰富的生物多样性，有占世界数量10%的维管束植物以及大量珍稀濒危物种，包括当地堪称活化石的物种，例如生存范围非常有限的瓦勒迈松。标准（ix）：大蓝山山脉包括在澳大利亚大陆上桉树和以桉树为主的植被在一个相对较小的区域内进化和适应的杰出和代表性的范例。标准（x）：该遗产生境和植物群落的多样性使其更能够支撑具有全球重要性的物种和生态系统多样性（152科，484属，1 500个物种）。	

编号	遗产地名称	类型	入选时间/年份	入选标准	国家
15	Purnululu National Park 波奴鲁鲁国家公园	N	2003	（vii）（viii）	占地面积 239 723 公顷的波奴鲁鲁国家公园位于西澳大利亚州。公园内有挺拔独立的"嘣咯嘣咯山"（Bungle Bungle Range）。泥盆纪时代的石英砂经过 2 000 万年的侵蚀，形成了蜂巢状塔形和圆锥形山峦。这些山峦的峭壁上是规则的暗灰色水平带，由古代藻青菌（一种能进行光合作用的单细胞生物）沉积而成。这些极具特色的圆锥形喀斯特地貌，是由地质变化、生物影响、侵蚀作用和气候变化等诸多因素之间相互影响而形成的。 标准（vii）：尽管波奴鲁鲁国家公园最近才在澳大利亚被大家熟知，但是国际上已经承认其特殊的自然之美。首要的景区景点是条带状和蜂窝状松塔的组合，组成了 Bungle Bungle Range。这些成为公园的象征，而且是澳大利亚响彻国际的自然景点。其结构严谨，它们的规模、程度、庄严和多样性是世界其他地方无可比拟的，而且其外观每天、每个季度都会有变化，包括雨后鲜明的颜色过渡。 标准（viii）：到目前为止，邦哥宾高斯是世界上锥状喀斯特的最突出范例，地质作用、生物作用、侵蚀作用和气候现象相互作用形成了这样独特的锥状喀斯特岩石。	Australia 澳大利亚
16	Ningaloo Coast 宁格罗海岸	N	2011	（vii）（x）	宁格罗海岸的海洋和陆地面积是 604 500 公顷，地处澳大利亚的遥远西海岸。陆地上广布喀斯特地貌、地下洞穴网络和水系。宁格罗海岸不仅是鲸鲨每年聚集的地方，同时也是不计其数海洋物种的家园，比如众多的海龟也是它们当中的一员。作为陆地部分的显著特点，地下水体及地下洞穴、通渠与水流网络为珍稀动物的生存提供了支撑与保障，从而为当地的海洋和陆地生物多样性作出了贡献。 标准（vii）：该遗产的陆地景观和海洋景观是由大部分保存完好的、大规模的海洋环境、沿海环境和陆地环境组成。郁郁葱葱、色彩缤纷的水下风光与干旱和坚固的土地形成了一个鲜明、壮观的对比。 标准（x）：除了独特的鲸鲨群，宁格罗珊瑚礁有高生物多样性，300 余种有记录的海洋生物物种，700 多种珊瑚鱼种，大约 650 种软体动物，1 000 余种海藻。	

编号	遗产地名称	类型	入选时间/年份	入选标准		国家
17	The Sundarbans 孙德尔本斯国家公园	N	1997	(ix)(x)	孙德尔本斯国家公园，孙德尔本斯有着世界上最大的红树森林之一（占地 140 000 公顷），位于孟加拉湾的恒河（Ganges）、布拉马普特拉河（Brahmaputra）和梅克纳河（Meghna）三角洲。公园毗邻 1987 年列入的印度孙德尔本斯世界遗产地。公园内遍布潮汐河道、泥滩和耐盐的红树林小岛，是成长型生态过程的范例。该地区因动物物种多样性而闻名于世，其中包括 260 种鸟类，还有孟加拉虎和其他濒危物种，如湾鳄和印度蟒蛇。标准(ix)：孙德尔本斯由于其代表了三角洲的形成过程，以及新形成的三角洲和与之连带的红树植物群落的后定居过程，孙德尔本斯是正在进行的生态过程的杰出案例。标准（x）：世界最大的现存红树林区域之一，孙德尔本斯的陆地和海洋环境都有着极高的生物多样性，包括大量全球濒危的猫科动物，如孟加拉虎。	Bangladesh 孟加拉国
18	Belize Barrier Reef Reserve System 伯利兹堡礁保护区	N	1996	(vii)(ix)(x)	伯利兹堡礁保护区，伯利兹海岸是一处风景绝佳的自然生态系统，由北半球最大的堡礁、近海环礁、几百个沙洲、美洲红树林、沿海潟湖、港湾组成。保护区内的七处景点展示了暗礁进化的历史，是包括海龟、海牛和美洲湾鳄在内的濒危物种的重要栖息地。	
19	Belovezhskaya Pushcha/Białowieża Forest 别洛韦日自然保护区与比亚沃韦扎森林	N	1992	(vii)	别洛韦日自然保护区与比亚沃韦扎森林，这片广袤的森林位于波罗的海和黑海的分水岭，由常青树和阔叶林组成，是一些稀有动物的栖息地，其中包括狼、猞猁、水獭等珍稀哺乳动物。森林中还有 300 多头欧洲野牛，是人们重新放归到这个保护区的。	Belarus 白俄罗斯 Poland 波兰
20	Noel Kempff Mercado National Park 挪尔·肯普夫墨卡多国家公园	N	2000	(ix)(x)	挪尔·肯普夫墨卡多国家公园（占地 1 523 000 公顷）是亚马孙盆地最大和保护最为完好的公园之一，海拔从 200～1 000 米。该公园有着各种各样的生物栖息地，包括赛拉多（Cerrado）大草原、森林和亚马孙高地常青林。肯普夫国家公园展示了距今 10 多亿年前到寒武纪之间的自然进化历程，据估计，公园内生存有约 4 000 种植物、600 多种鸟类和许多世界上濒危的脊椎动物。	Bolivia (Plurinational State of) 玻利维亚（多民族国）

编号	遗产地名称	类型	入选时间/年份	入选标准		国家
21	Iguaçu National Park 巴西伊瓜苏国家公园	N	1986	(vii)(x)	巴西伊瓜苏国家公园同阿根廷伊瓜苏国家公园共同分享着世界上最大和最壮观的瀑布群之一，整个瀑布群宽约 2 700 米。这里是许多稀有濒危动植物物种的栖息地，其中包括大水獭和巨食蚁兽。瀑布产生的雾气滋润着这里的各种植物，使得它们能够茂密地生长。 标准（vii）：阿根廷伊瓜苏国家公园和她的姊妹公园同样也是世界遗产的巴西伊瓜苏国家公园是世界上最大和最壮观的瀑布之一，由众多瀑布和湍流组成，宽度接近 3 千米，地处郁郁葱葱、多样化的亚热带阔叶林中。 标准（x）：阿根廷伊瓜苏国家公园，加上世界遗产地巴西伊瓜苏国家公园及其相邻保护区，构成了最大的单一巴拉纳亚热带雨林遗迹，隶属于内部大西洋森林。	Brazil 巴西
22	Atlantic Forest South-East Reserves 大西洋东南热带雨林保护区	N	1999	(vii)(ix)(x)	大西洋东南热带雨林保护区位于巴拉那州（Paraná）和圣保罗州（São Paulo），有着巴西国内最好和最广泛的大西洋热带雨林品种。组成了该遗产的 25 处保护区（总面积 470 000 公顷），展示了保留下来的大西洋雨林的生物多样性和进化史。整个保护区内既有树木茂密的高山，也有湿地和沿海岛屿，岛屿上还有被海隔开的山峦和沙丘，这里风景如画，自然资源丰富。	Brazil 巴西
23	Discovery Coast Atlantic Forest Reserves 大西洋沿岸热带雨林保护区	N	1999	(ix)(x)	大西洋沿岸热带雨林保护区位于巴伊亚州（Bahia）和圣埃斯皮图里州（Espírito Santo），由八个独立的保护区组成，拥有 112 000 公顷的大西洋森林和灌木。巴西大西洋沿岸的热带雨林是世界上生物多样性最丰富的地区。这个地区内生长有许多极具当地特色的动植物物种，反映了物种的进化过程，不仅仅具有很高的科学价值，同时也有很高的保护意义。 标准（ix）：巴西海岸包括一些巴西东北部最大的现存的大西洋森林的地区，也包括大量的珍稀特有物种。 标准（x）：该遗址生物多样性丰富，展示了少数现存的巴西东北部大西洋森林地区的进化历史。这一遗址揭示了具有重大科学研究兴趣的进化模式和演变格局。一个曾经广袤的森林只有零星的残余是事实，但是这也使它们成为世界森林遗产不可替代的部分。	Brazil 巴西

编号	遗产地名称	类型	入选时间/年份	入选标准	国家
24	Central Amazon Conservation Complex 亚马孙河中心保护区	N	2000	(ix) (x)	亚马孙河中心保护区占地超过 600 万公顷,是亚马孙盆地中最大的保护区,同时也是地球上生物多样性最丰富的地区之一。保护区内还有平坦耕地生态系统、洪泛森林生态系统,以及湖泊和河流的重要范例,多种水生动物不断进化,这里是世界上最大的发电鱼类种群的栖息地。保护区为许多珍稀濒危动物提供保护,例如巨骨舌鱼、亚马孙海牛、黑凯门鳄和两种淡水豚类。 标准(ix):该瓦尔泽亚和洪泛森林、湖泊、河流和岛屿一起构成了该遗址的自然和生物形式,显示了陆地和淡水生态系统发展变化的生态过程。包括不断变化和发展的河道、湖泊和地貌。 标准(x):扩大后的遗产地大大增加了 Jaú 国家公园对中心亚马孙地区生物多样性、栖息地和濒危物种的保护。这一地区是世界特有鸟类区之一,被认为是世界野生动物基金会的 200 个重点保护的生态区之一,也是植物多样性的中心。	Brazil 巴西
25	Pantanal Conservation Area 潘塔奈尔保护区	N	2000	(vii) (ix) (x)	潘塔奈尔保护区由四个保护区构成,总面积 187 818 公顷。该保护区位于巴西中西部马托格罗索省西南角,占巴西潘塔努大沼泽地区面积的 1.3%,潘塔努大沼泽地区是世界上最大的淡水湿地生态系统之一。该地区最主要的两条河流,库亚巴河与巴拉圭河都从这里发源。潘塔奈尔自然保护区内动植物的种类和数量都非常可观。 标准(vii),(ix)和(x):该遗址是大潘塔奈尔地区的代表,它展示了发生在大潘塔奈尔地区正在进行的生态和生物过程。Amolar 山脉以及其主要的淡水湿地生态系统使其具有独特的重要生态系统和壮丽景观。	

编号	遗产地名称	类型	入选时间/年份	入选标准	国家
26	Brazilian Atlantic Islands: Fernando de Noronha and Atol das Rocas Reserves 巴西大西洋群岛：费尔南多—迪诺罗尼亚群岛和罗卡斯岛保护区	N	2001	（vii）（ix）（x）	巴西大西洋群岛：费尔南多—迪诺罗尼亚群岛和罗卡斯岛保护区，南大西洋露出海面的海底山脉形成了费尔南多—迪诺罗尼亚群岛和巴西沿海的罗卡环形礁。这个区域包括南大西洋大部分岛屿，对于鲔鱼、鲨鱼、海龟和海洋哺乳动物的生长和繁衍具有重要意义。巴西大西洋群岛也是西大西洋上热带海鸟最集中的地方。在拜亚海区生活有大量海豚，在落潮期，罗卡环形礁给游客展示出一幅怡人的海岸美景，潟湖和潮水坑星罗棋布，里面还有各种鱼类。标准（ix）：巴西大西洋群岛—费尔南多—迪诺罗尼亚群岛和罗卡斯岛保护区代表大西洋一半以上的岛屿沿海水域。这些高产水域为迁徙到东大西洋非洲海岸的海洋动物提供了觅食地，如金枪鱼、长嘴鱼、鲸、鲨鱼和海龟。标准（vii）：迪诺罗尼亚群岛是世界上唯一的具有众多海豚居住的地方，当退潮的时候，裸露的珊瑚将浅水礁湖包围，罗卡斯岛就会显现壮观的海景，潮汐池形成了天然的水族馆。两个遗址地因为其独特的海底景观而被世界公认为是专业潜水之地。	Brazil 巴西
27	Cerrado Protected Areas: Chapada dos Veadeiros and Emas National Parks 塞拉多保护区：查帕达—多斯—维阿迪罗斯和艾玛斯国家公园	N	2001	（ix）（x）	塞拉多保护区：查帕达—多斯—维阿迪罗斯和艾玛斯国家公园，塞拉多保护区由两个部分组成，保护区内包含动植物及其主要栖息地，这些使得塞拉多成为世界上最古老和最富多样性的热带生态系统之一。千百年来，这片区域在气候变化时为许多生物物种提供了庇护。在未来可能发生的气候变化中，这里对保持塞拉多地区生物多样性仍然有着至关重要的作用。标准（ix）：塞拉多保护区在保护塞拉多生态区的生物多样性方面起到了关键性的作用。由于其核心的地理位置和海拔高度的变化，在气候变化引起塞拉多的南北或东西移动时，它已经成为相对稳定的物种避难所。当地球气候变化时，其作为物种避难所的角色仍在继续。标准（x）：查帕达—多斯—维阿迪罗斯和艾玛斯国家公园包含塞拉多生态区所有重要栖息地的样本——世界上最古老的热带生态系统之一。它包含所有花卉品种的60%以上和将近80%的脊椎动物种。	

编号	遗产地名称	类型	入选时间/年份	入选标准	国家
28	Pirin National Park 皮林国家公园	N	1983	（vii）（viii）（ix）	皮林国家公园位于保加利亚西南部的皮林山脉，占地 27 000 多公顷，海拔高度介于 1 008～2 914 米。公园内景观主要为巴尔干喀斯特地形，冰川湖泊、瀑布、洞穴和松林等夹杂其间。这一遗址于 1983 年列入《世界遗产名录》。扩展之后，将包括除了两个旅游区以外的整个皮林国家公园，占地约 4 万公顷。扩展的部分主要是一个海拔超过 2 000 米的高山区，景观以高山草甸、岩屑堆和山峰为主。 标准（vii）：皮林国家公园的山脉景观异常美丽。高山山峰、峭壁与草地、河流和瀑布相对立，提供了体验巴尔干山区景观美学的机会。是否能够让人体验自然之美和偏远地区之美，也是衡量具有突出普遍价值遗产的一个标准和属性。 标准（viii）：这一遗产地重要的地球科学价值与其冰川地貌有关，展示了深深的幽谷和 70 多条冰湖，包括冰斗。此遗产地的山脉形式多样，形成了几种不同的岩石类型。自然过程使我们可以研究该遗产地陆地地貌的持续演变，有助于理解该区域的其他高地地区。 标准（ix）：该遗产地由于有许多特有物种和孑遗物种，是植物群落持续进化的一个好例子，该遗产地也是保护巴尔干高地重要自然生态系统正常运行的杰出案例。	Bulgaria 保加利亚
29	Srebarna Nature Reserve 斯雷伯尔纳自然保护区	N	1983	（x）	斯雷伯尔纳自然保护区是一处毗邻多瑙河的淡水湖，总面积超过 600 公顷。有约 100 种鸟类在这个保护区内生活繁衍，其中许多是稀有濒危鸟类，另外还有大约 80 种候鸟每年到这里过冬。这里最重要的鸟类包括达尔马提亚鹈鹕、白鹭、夜苍鹭、紫苍鹭、朱鹭和白篦鹭。 标准（x）：斯雷伯尔纳自然保护区保护着过去在保加利亚地区广泛分布的湿地。它为许多越来越受到威胁的植物物种提供栖息地。	

编号	遗产地名称	类型	入选时间/年份		入选标准	国家
30	Dja Faunal Reserve 德贾动物保护区	N	1987	(ix)(x)	德贾动物保护区是非洲最大、保存最为完好的热带雨林之一,保护区内90%的区域尚未受到人类活动干扰。德贾河几乎把保护区团团围住,构成了保护区的天然边界。保护区因其物种的多样性和众多的灵长类动物而尤为著名。保护区内生存着107种哺乳动物,其中有5种濒临灭绝。 标准(ix):德贾动物保护区的有趣之处在于其丰富的物种和其独特的原始状态。由于丰富的地形,以及生物地理和地质影响,德贾动物保护区的生态系统丰富多样,而这样丰富多样的生态系统反映了这类环境的生态演化。它隶属于被认为是非洲最大的森林生物多样性的保护区。	Cameroon 喀麦隆
31	Sangha Trinational 桑哈河遗产地	N	2012	(ix)(x)	桑哈河遗产地以潮湿的热带雨林生态系统为特点,是大量动植物的栖息地。林中空地为草本植物提供了生存环境。此外,桑哈河沿岸还是大量的森林大象、极度濒危的西部低地大猩猩以及濒危的黑猩猩栖息地。该遗产地的自然环境使得许多濒危动物的生物多样性得以保护,因此大大支撑了该地生态系统和物种进化过程的继续。 标准(ix):该遗产地的特点是面积大,具有非常大的缓冲区,在较长时间内,受到的干扰很小,其完整性使其生态过程和演化过程得以在较大尺度内持续。 标准(x):这一遗产地代表非洲中部刚果盆地广泛的物种丰富的潮湿热带森林,为一系列的濒危物种提供保护。	Cameroon 喀麦隆 Central African Republic 中非共和国 Congo 刚果
32	Nahanni National Park 纳汉尼国家公园	N	1978	(vii)(viii)	纳汉尼国家公园,纳汉尼河是北美洲最壮观的河流之一,纳汉尼国家公园就坐落在南纳汉尼河流域。公园里峡谷幽深,有大瀑布和独特的石灰岩洞穴,是北部山区森林的狼、灰熊和北美驯鹿等动物的栖息地。公园的山区还有大角羊和山羊出没。 标准(vii):纳汉尼河是北美洲最壮观的野生河流之一,有深峡谷、巨大的瀑布和壮观的喀斯特地貌、溶洞和温泉。裸露的地质地貌景观包括古河道,该河道现在水位已高于现存的河流水位。 标准(viii):在纳汉尼国家公园,有一个特殊的正在进行的地质过程,特别是河流侵蚀、构造抬升、褶皱和峡谷、风力侵蚀、岩溶和喀斯特地貌,以及各种温泉。重要的地质地貌特点使其提供了全球独特地质过程。	Canada 加拿大

编号	遗产地名称	类型	入选时间/年份	入选标准		国家
33	Dinosaur Provincial Park 艾伯塔省恐龙公园	N	1979	(vii) (viii)	艾伯塔省恐龙公园位于艾伯塔省荒地的中心，公园内除了特别秀丽的风景之外，还有许多最为重要的"爬行动物时代"（Age of Reptiles）的化石，特别是可以追溯到 7 500 万年前的 35 种恐龙化石。 标准（vii）：艾伯塔省恐龙公园是半干旱草原重要地质过程和河流侵蚀模式的突出案例。这些"荒地"延伸长度为 24 千米，还有不受影响的河岸栖息地，展现了鲜明的景观特点和不同的自然风光。 标准（viii）：这一遗产地有大量丰富的白垩纪恐龙组群的物种。其物种丰富性的程度为古生物的年代对比和年代研究提供了可能性。在公园内，超过 300 个奥德曼形式的物种和 150 多个完整的骨骼，现在存放于 30 多个博物馆中。	Canada 加拿大
34	Kluane/Wrangell-St. Elias/Glacier Bay/Tatshenshini-Alsek 克卢恩/兰格尔-圣伊莱亚斯/冰川湾/塔琴希尼-阿尔塞克	N	1979	(vii) (viii) (ix) (x)	克卢恩/兰格尔-圣伊莱亚斯/冰川湾/塔琴希尼-阿尔塞克，这些公园包括位于加拿大（育空地区和英属哥伦比亚）和美国（阿拉斯加）交界处的冰川和高峰，景致蔚为壮观。这里是大灰熊、北美驯鹿和大角羊的栖息地，也是世界上最大的非极地冰原区。 标准（vii）：这一联合遗产地包括构造活动、火山、冰川和从海洋到北美最高山峰的河流运动过程。海岸和海洋环境，雪山，冰川和幽深的峡谷，峡湾般的河流进口和丰富的野生动物比比皆是。这是一个特殊的自然风景区。 标准（viii）：这些一系列的构造活动是连续的造山运动和包含重要的正在进行的地质和冰川过程的杰出案例。200 多个冰雪覆盖高原的冰川共同形成了一些世界上最大、最长的冰川，其中有一个延伸到大海。 标准（ix）：冰川在景观水平的影响使得冰川动态运动有关的生态演替阶段相似。 标准（x）：常见的阿拉斯加和加拿大西北部野生动物物种的杰出代表。	Canada 加拿大 United States of America 美国

编号	遗产地名称	类型	入选时间/年份	入选标准	国家
35	Wood Buffalo National Park 伍德布法罗国家公园	N	1983	(vii) (ix) (x)	伍德布法罗国家公园，这个公园位于加拿大中北部的平原上（占地 44 807 平方千米），是北美数量最多的野牛的栖息地，同时也是美洲鹤的天然巢穴。公园另一个引人入胜的景点是皮斯河（Peace river）和阿萨巴斯卡河（Athabasca river）之间世界上最大的内陆三角洲。 标准（vii）：大密度的野生动物迁徙是世界重要的、罕见的和绝妙的自然现象，包括具有同样国际重要性的内陆三角洲、盐化的平原地区和岩溶喀斯特地貌。 标准（ix）：伍德布法罗国家公园是整个北美大平原最完整、最大的 Boreal 草原生态系统杰出案例。 标准（x）：伍德布法罗国家公园包含世界上唯一的美洲鹤栖息地，美洲鹤是濒危物种，通过对公园内少数繁殖美洲鹤的夫妻精心照料，将美洲鹤从濒临灭绝的边缘拉了回来。	Canada 加拿大
36	Canadian Rocky Mountain Parks 加拿大落基山公园	N	1984	(vii) (viii)	加拿大落基山公园，逶迤相连的班夫（Banff）、贾斯珀（Jasper）、库特奈（Kootenay）和约虎（Yoho）国家公园，以及罗布森山（Mount Robson）、阿西尼博因山（Mount Assiniboine）和汉伯省级公园（Hamber provincial parks）构成了一道亮丽的高山风景线，那里有山峰、冰河、湖泊、瀑布、峡谷和石灰石洞穴。这里的伯吉斯谢尔化石遗址也有海洋软体动物的化石。 标准（vii）：加拿大落基山脉的 7 个园区形成了壮观的山脉景观。崎岖的山峰、冰原和冰川、高山草甸、湖泊、瀑布、广泛的喀斯特岩溶地貌和幽深的峡谷使加拿大落基山公园具有独特的自然风光，每年吸引了数百万的游客。 标准（viii）：这里的伯吉斯页岩是世界上最显著的化石地之一。保存精美的化石记录了多样、丰富的以软体生物为主的海洋区。	

编号	遗产地名称	类型	入选时间/年份	入选标准	国家
37	Gros Morne National Park 格罗斯莫讷公园	N	1987	（vii）（viii）	格罗斯莫讷公园位于纽芬兰岛西海岸，为我们提供了一个大陆漂移的珍稀标本，这里的深海地壳和大陆地幔的岩石都暴露在外面。最近的冰川运动产生了许多令人惊叹的景观，包括海岸低地、高山高原、海湾、冰川峡谷、悬崖峭壁、瀑布以及许多纯净的湖泊。标准（vii）：格罗斯莫讷国家公园是海洋环境中的内陆、淡水和冰川的突出野生环境，是一个特殊的自然风景区。标准（viii）：格罗斯莫讷国家公园的岩石呈现了具有国际重要意义的沿北美东海岸大陆漂移的重要案例，为理解和认识大陆板块构造和古山带地质演化作出了贡献。	Canada 加拿大
38	Waterton Glacier International Peace Park 沃特顿冰川国际和平公园	N	1995	（vii）（ix）	沃特顿冰川国际和平公园，1932 年，沃特顿湖区国家公园（加拿大艾伯塔省）与冰河国家公园（美国蒙大拿州）进行合并，组成世界上第一个国际和平公园。该公园位于加拿大和美国边界，风光迷人，特别是植物以及哺乳动物种类丰富，同时还拥有草原、森林、山地和冰川等地貌。标准（vii）：加拿大沃特顿冰川国际和平公园和美国沃特顿冰川国际和平公园是原先由两个国家各自指定的，因为这个地区山脉风景绝妙，地形起伏大，冰川地貌和野生动物植物的多样性丰富。标准（ix）：该遗产地在北美西部科迪勒拉具有举足轻重的地位，导致了世界上其他地方植物群落和生物综合体的进化。	Canada 加拿大 United States of America 美国
39	Miguasha National Park 米瓜莎古公园	N	1999	（viii）	米瓜莎古公园坐落在魁北克东南部加斯普半岛（the Gaspé peninsula）南部的海岸上，是一处古生物学遗址，被认为是世界上关于泥盆纪"鱼类时代"（Age of Fishes）最著名的化石遗址。晚泥盆世的鱼化石共有六种，这里地层中就有五种，可追溯到 3.7 亿年前。公园的重要性在于这里有大量保存完好的鱼石螈的化石标本。鱼石螈是第一种进化为四条腿、呼吸空气的陆地脊椎动物四足动物。标准（viii）：在这个脊椎动物的代表区，米瓜莎由于其将泥盆纪阐明为"时代鱼类"而成为世界上最突出的化石遗址。	Canada 加拿大

编号	遗产地名称	类型	入选时间/年份	入选标准		国家
40	Joggins Fossil Cliffs 乔金斯崖壁	N	2008	(viii)	化石崖壁上有 96 类共 148 种化石，还有 20 处足迹群，是已知的最为丰富地展现了三种生态系统中化石生物的一处遗址。标准（viii）：地球的历史，地质和地貌过程："乔金斯"化石崖曝光的化石包含最好的最完整的"煤炭时代"的地球生命的化石记录。	Canada 加拿大
41	Manovo-Gounda St Floris National Park 马诺沃贡达圣绅罗里斯国家公园	N	1988	(ix) (x)	马诺沃贡达圣绅罗里斯国家公园，这个国家公园的重要性在于其丰富的动植物物种。公园广阔的大草原是许多物种的家园：黑犀牛、大象、印度豹、美洲豹、野狗、瞪羚、野牛等，而在公园北部的沼泽地则栖息着各种各样的水禽。标准（ix）：马诺沃贡达圣绅罗里斯国家公园包含非凡的自然形态。公园横跨苏丹—萨赫勒和苏丹—几内亚生物地理区，这导致了北方草原生境到南部森林栖息地的多样性。标准（x）：公园的野生生物反映了其东非和西非的萨赫勒地区和热带雨林之间的过渡位置。它包含了该国最丰富的动物群落，包括在过去被很好保护的 57 个哺乳动物物种。从这一方面来说，它类似于东非大草原的丰富性。	Central African Republic 中非共和国
42	Lakes of Ounianga 乌尼昂加湖泊群	N	2012	(vii)	乌尼昂加湖泊群在非常干旱的地区有 18 条湖。标准（vii）：该遗产地是沙漠地区永久湖泊的绝佳案例，是含水层和相关复杂水文系统引起的突出自然现象，而这仍有待充分理解。	Chad 乍得
43	Huanglong Scenic and Historic Interest Area 黄龙风景名胜区	N	1992	(vii)	黄龙风景名胜区，位于四川省西北部，是由众多雪峰和中国最东边的冰川组成的山谷。除了高山景观，人们还可以在这里发现各种不同的森林生态系统，以及壮观的石灰岩构造、瀑布和温泉。这一地区还生存着许多濒临灭绝的动物，包括大熊猫和四川疣鼻金丝猴。标准（vii）：黄龙举世闻名是因为其具有魅力的山脉景观、相对未受干扰且高度多样化的森林生态系统，以及更加壮观的局部岩溶底层，如钙华彩池、瀑布和石灰岩浅滩。其钙华阶地和湖泊在亚洲无疑具有唯一性，是世界三大杰出案例之一。	China 中国

编号	遗产地名称	类型	入选时间/年份	入选标准		国家
44	Jiuzhaigou Valley Scenic and Historic Interest Area 九寨沟风景名胜区	N	1992	（vii）	九寨沟位于四川省北部，连绵超过 72 000 公顷，曲折狭长的九寨沟山谷海拔 4 800 多米，因而形成了一系列多种森林生态系统。壮丽的景色因一系列狭长的圆锥状喀斯特地貌和壮观的瀑布而更加充满生趣。山谷中现存约 140 种鸟类，还有许多濒临灭绝的动植物物种，包括大熊猫和四川扭角羚。 标准（vii）：九寨沟因其风景和美学性而著名。其似仙境一般，有众多的湖泊、瀑布和石灰石梯田，以及诱人的、清澈的、富含矿物质的水，在高寒山区呈现一个高度多样化的森林生态景观，展示了非凡的自然美景。	China 中国
45	Wulingyuan Scenic and Historic Interest Area 武陵源风景名胜区	N	1992	（vii）	武陵源景色奇丽壮观，位于湖南省境内，连绵26 000多公顷，景区内最独特的景观是 3 000 余座尖细的砂岩柱和砂岩峰，大部分都 200 余米高。在峰峦之间，沟壑、峡谷纵横，溪流、池塘和瀑布随处可见，景区内还有 40 多个石洞和两座天然形成的巨大石桥。除了迷人的自然景观，该地区还因庇护着大量濒临灭绝的动植物物种而引人注目。	
46	Three Parallel Rivers of Yunnan Protected Areas 三江并流保护区	N	2003	（vii）（viii）（ix）（x）	三江并流自然景观位于云南省西北山区的三江国家公园内，包括八大片区，面积 170 万公顷，是亚洲三条著名河流的上游地段，金沙江（长江上游）、澜沧江（湄公河上游）和怒江（萨尔温江上游）三条大江在此区域内并行奔腾，由北向南，途经 3 000 多米深的峡谷和海拔 6 000 多米的冰山雪峰。这里是中国生物多样性最丰富的区域，同时也是世界上生物多样性最丰富的温带区域。 标准（vii）：金沙江、澜沧江和怒江的深邃是该遗产地的突出自然特性，而三江中很大一部分都位于该遗产地的边界外，河流峡谷仍然是地区占主导地位的风景元素。到处都是高山，梅里、白马和哈巴雪山被覆盖的峰顶提供了一个壮观的风景天际线。	

编号	遗产地名称	类型	入选时间/年份	入选标准	国家
46	Three Parallel Rivers of Yunnan Protected Areas 三江并流保护区	N	2003	(vii) (viii) (ix) (x)	标准（viii）：这一区域在展现最后 5 000 万年和印度洋板块、欧亚板块碰撞相关联的地质历史、展现古地中海的闭合以及喜马拉雅山和西藏高原的隆起方面具有十分突出的价值。 标准（ix）：三江并流区域中激动人心的生态过程是地质、气候和地形影响的共同结果。首先，该区域的位置处于地壳运动的活跃区之内，结果形成了各种各样的岩石基层，从火成岩到各种沉积岩（包括石灰石、砂岩和砾岩）等各不相同。卓越的地貌范围：从峡谷到喀斯特地貌再到冰峰，这种大范围的地貌和该区域正好处于地壳构造板块的碰撞点有关。另外一个事实就是该区域是更新世时期的残遗种保护区并位于生物地理的会聚区（即具有温和的气候和热带要素），为高度生物多样性的演变提供了良好的物理基础。除了地形多样性之外（具有 6 000 米几乎垂直的陡坡降），季风气候影响着该区域绝大部分，从而提供了另一个有利的生态促进因素，允许各类古北区的温带生物群落良好发展。 标准（x）：云南西北部是中国生物多样性最丰富的地区，同时可能是地球上生物多样性最丰富的温带地区。该遗产地包含大多数横断山脉的自然栖息地，是世界上最重要的地球生物多样性保护地之一。	China 中国
47	Sichuan Giant Panda Sanctuaries - Wolong, Mt Siguniang and Jiajin Mountains 四川大熊猫栖息地	N	2006	(x)	四川大熊猫栖息地面积 924 500 平方千米，目前全世界 30%以上的濒危野生大熊猫都生活在那里，包括邛崃山和夹金山的七个自然保护区和九个景区，是全球最大、最完整的大熊猫栖息地，为第三纪原始热带森林遗迹，也是最重要的圈养大熊猫繁殖地。这里也是小熊猫、雪豹及云豹等全球严重濒危动物的栖息地。栖息地还是世界上除热带雨林以外植物种类最丰富的地区之一，生长着属于 1 000 多个属种的 5 000~6 000 种植物。 标准（x）：这些地区目前保存了全世界30%以上的野生大熊猫，是全球最大、最完整的大熊猫栖息地，也是全世界温带区域中植物最丰富的区域。这是大熊猫建立物种圈养繁殖种群的最重要来源。	

编号	遗产地名称	类型	入选时间/年份	入选标准		国家
48	South China Karst 中国南方喀斯特	N	2007	（vii）（viii）	中国南方喀斯特地区主要分布在云南、贵州和广西等省份，占地面积超过 50 万平方千米。中国南部喀斯特地貌丰富多样，富于变幻，举世无双。这处遗产呈连续性分布，主要可分为三个区域：荔波喀斯特、石林喀斯特和武隆喀斯特。中国南方喀斯特地形是全球湿润热带及亚热带喀斯特地形的典型代表。石林喀斯特被誉为自然奇观，是世界级参照标准。石林包括由含白云石的石灰石构成的乃古石林和在湖泊中生成的苏依山石林。同其他喀斯特地形相比，石林喀斯特的石峰更加丰富多彩，形状和颜色也更富于变化。荔波喀斯特的特点是锥形和塔形地貌，构成了独特、美丽的风景，同样是同类型喀斯特地貌的世界级标准。武隆喀斯特因其巨大的石灰坑、天然桥梁和天然洞穴而列入了世界遗产。 标准（vii）：中国南方喀斯特代表了世界上湿润热带到亚热带喀斯特景观最壮观的范例。石林县的石林被认为是最好的自然现象和世界上该类喀斯特的最好的参照。该片区包括发育在白云质灰岩中的乃古石林和出现在湖泊之中的苏依山石林。较其他发育了剑状喀斯特的地区而言，石林包含了更丰富的剑状喀斯特形态，更丰富的形态和色彩多样性，并随不同天气和光的条件而变化。荔波的锥状和塔状喀斯特同样被认为是世界上同类喀斯特的参照地，形成了特殊而又美丽的地貌景观。武隆喀斯特包含了被称为天坑的巨大垮塌洼地和罕见高度的天生桥，天生桥之间延伸着深度很大的无顶洞穴。这些壮观的喀斯特特征有着世界级的品质。 标准（viii）：石林和荔波所展示的喀斯特特征和景观都是全球的参照地。在石林县，石林喀斯特发育的主要阶段经历了 2.7 亿年，跨越了从二叠纪到现在的四个主要地质时期，展示了这种喀斯特阶段演化的特征。荔波出露的碳酸盐岩发育于不同地质年代，经过几百万年的溶蚀，塑造形成了显著的峰丛（锥状喀斯特）和峰林（塔状喀斯特）。荔波喀斯特包含了众多高耸的锥峰和深陷漏斗，以及陷落河流和悠长的河流洞穴。武隆代表了经历了显著抬升的内陆喀斯特高原，其巨大的漏斗和天生桥是中国南方天坑景观的代表。武隆景观包含了世界上最大的江河系统之一、长江及其支流的历史证据。		China 中国

编号	遗产地名称	类型	入选时间/年份	入选标准		国家
49	Mount Sanqingshan National Park 三清山国家公园	N	2008	（vii）	三清山国家公园位于江西省（中国中东部）怀玉山脉西部，面积22 950公顷。由于长期地质地貌变化，形成了三清山别具一格的奇峰怪石、急流飞瀑、峡谷幽云等景观：48座花岗岩山峰，89座花岗岩石柱，其中许多都类似于人类或动物的剪影。1 817米高的怀玉山的自然风景是花岗岩、植被和特定的气候条件共同作用的结果，创造了一个不断变化且吸引人的独特景观，明亮的光晕显现在云和白色彩虹间。该地区受亚热带季风气候和亚热带海洋气候的影响，形成了高于周围亚热带景观的温带森林岛。它还具有森林和众多的瀑布，有些高度达到60米，同时还具有湖泊和泉水。标准（vii）：三清山在一个相对较小的区域内展示了独特花岗岩石柱与山峰，丰富的花岗岩造型石与多种植被、远近变化的景观及震撼人心的气候奇观相结合，创造了世界上独一无二的景观美学效果，呈现了引人入胜的自然美。	China 中国
50	China Danxia 中国丹霞	N	2010	（vii）（viii）	中国丹霞是中国境内由陆相红色沙砾岩在内生力量（包括隆起）和外来力量（包括风化和侵蚀）共同作用下形成的各种地貌景观的总称。这一遗产包括中国西南部亚热带地区的6处遗址。它们的共同特点是壮观的红色悬崖以及一系列侵蚀地貌，包括雄伟的天然岩柱、岩塔、沟壑、峡谷和瀑布等。这里跌宕起伏的地貌，对保护包括约400种稀有或受威胁物种在内的亚热带常绿阔叶林和许多动植物物种起到了重要作用。标准（vii）：中国丹霞是一处令人印象深刻的独特自然美景。微红的砾岩和砂岩构成了这里的绝妙自然美景，壮观的山峰、石柱、悬崖和峡谷，加之森林、蜿蜒的河流和雄伟的瀑布，中国丹霞地貌呈现了一种重要的自然现象。标准（viii）中国丹霞的盆地演化清楚地记载了白垩纪以来中国南方区域地壳演化的历史，发育成了一种具有全球性突出普遍价值的特殊地貌景观，是地球上一种特殊的自然地理现象和独特的自然区域。	

编号	遗产地名称	类型	入选时间/年份	入选标准		国家
51	Chengjiang Fossil Site 澄江化石地	N	2012	（viii）	澄江化石地位于中国云南省，占地 512 公顷，是保存完整的寒武纪早期古生物化石群，显示了大量生物、无脊椎动物和脊椎动物的硬组织和软组织的解剖结构。它们记录了早期复杂的海洋生态系统的建立。该遗产地澄江生物群共涵盖 16 个门类、196 个物种。呈现了 5.3 亿年前地球生命的快速进化，当时，几乎所有当今重大动物群体都出现了，具有重大的学术研究意义。 标准（viii）：澄江化石地记录了 5.3 亿年前寒武纪早期地球生命的快速演化史。在这种较短地质间隔时间内，几乎所有的重要动物群体都有其起源。该遗址是生命历史重要阶段的杰出案例，具有重要性。	China 中国
52	Xinjiang Tianshan 新疆天山	N	2013	（vii） （ix）	新疆天山由昌吉回族自治州的博格达、巴音郭楞蒙古自治州的巴音布鲁克和阿克苏地区的托木尔、伊犁哈萨克自治州的喀拉峻—库尔德宁 4 个区域组成，总面积达 606 833 公顷。它们是世界上最大的山脉之一中亚天山山系的一部分。新疆天山展现了独特的自然地理特点和优美的风景，包括壮观的雪景和雪山冰川，皑皑的山峰，未受干扰的森林和草地，清澈的河流和湖泊，红层峡谷。这些景观与广阔的沙漠景观毗邻，创造了冷热环境、干湿环境、荒凉和华丽之间的鲜明视觉对比。该地的地貌和生态系统自上新世被保存下来，是呈现持续生物和生态演化过程的杰出案例。该地还延伸到塔克拉玛干大沙漠，该沙漠是世界最大和最高的沙漠之一，因其巨大的沙丘形态和巨大的沙尘暴而著名。新疆天山还是地方物种和稀濒危物种、特有种的最重要栖息地。 标准(vii)：天山是在中亚地区伸展约 2 500 千米的大山脉。它是世界温带干旱地区最大的山脉，最大的隔离的东西走向的山脉。 标准（ix）：新疆天山是温带干旱区正在进行的生物和生态演化过程的杰出范例。自上新世以来的地貌和生态系统都被保存下来，这是由于天山地处两大沙漠和中亚干旱大陆性气候地区，这在世界山脉生态系统中具有唯一性。	China 中国

编号	遗产地名称	类型	入选时间/年份	入选标准	国家
53	Los Katíos National Park 洛斯卡蒂奥斯国家公园	N	1994	(ix) (x)	洛斯卡蒂奥斯国家公园位于哥伦比亚的西北部，占地 72 000 公顷，包括许多低矮的丘陵、森林和沼泽地。公园里有众多生物物种，已成为许多濒临灭绝动物和当地特有植物的家园。	
54	Malpelo Fauna and Flora Sanctuary 马尔佩洛岛动植物保护区	N	2006	(vii) (ix)	马尔佩洛岛动植物保护区，该遗址距哥伦比亚海岸约 506 千米，包括马尔佩洛岛（350 公顷）和周围海洋环境（857 150 公顷）。这一巨大的海洋公园是热带东太平洋最大的禁渔区，为国际濒危海洋生物提供了重要的栖息地，是其多种主要食物的来源，因而滋养了大量各种海洋生物。这里尤其是鲨鱼、石斑鱼和尖嘴鱼的聚居区，还是世界上为数不多的几个确定可以看见深水短鼻粗齿鲨的地方。陡峭的崖壁与自然景观瑰丽多彩的洞穴使这里成为公认的世界顶级跳水胜地之一。深邃的海水为数量巨大的大型肉食动物和浮游生物提供了安宁的生存环境，使它们保持着自然的行为方式（例如，这里聚集了 200 多头双髻鲨，1 000 多头丝鲨，还有鲸鲨和金枪鱼）。	Colombia 哥伦比亚
55	Talamanca Range-La Amistad Reserves/La Amistad National Park 塔拉曼卡仰芝—拉阿米斯泰德保护区	N	1993	(vii) (viii) (ix) (x)	塔拉曼卡仰芝—拉阿米斯泰德保护区，这一独特的遗址位于中美洲，这里有第四纪冰川的痕迹，北美和南美的动植物在这里杂植。热带雨林覆盖了大部分地区。四个不同的印第安部落生活在这片土地上，他们从哥斯达黎加与巴拿马的密切合作中受益匪浅。	Costa Rica 哥斯达黎加 Panama 巴拿马
56	Cocos Island National Park 科科斯岛国家公园	N	1997	(ix) (x)	科科斯岛国家公园距哥斯达黎加太平洋海岸 550 千米，是热带东太平洋上唯一拥有热带雨林的岛屿，其位置最接近北赤道逆流，又是该岛和周围海洋生态系统全面相互影响的地方，因此这个地区是研究生物进程的理想实验室。公园的海底世界非常著名，吸引了众多的潜水员，因为这里被认为是世界上观看远洋生物的绝佳地点，鲨鱼、鳐鱼、金枪鱼以及海豚等随处可见。	Costa Rica 哥斯达黎加

编号	遗产地名称	类型	入选时间/年份	入选标准		国家
57	Area de Conservación Guanacaste 瓜纳卡斯特自然保护区	N	1999	（ix）（x）	瓜纳卡斯特自然保护区，此保护区于1999年被列入世界遗产，现新增一块面积达15 000 公顷的私人土地——圣艾雷那（St Elena）。这里有着保护生物多样性的重要自然栖息地，包括从中美洲蔓延到墨西哥北部的最佳旱地森林栖息地，以及一些濒危或珍稀动植物的主要栖息地。这个地方的陆地和海岸环境展示了重要的生态过程。标准（ix）：瓜纳卡斯特自然保护区的显著特点是其生态系统和生境的多样性，从太平洋横穿直至加勒比海边的低地，全部都连接在一起。除了从陆地到海洋的区分，沿水道有许多景观和森林类型包括红树林、低地雨林和山地湿润森林，林云，以及橡树林和有常绿森林长廊的草原。标准（x）：该遗产地在保护热带生物多样性保护方面具有全球重要意义，是新热带区海洋和陆地生态系统的连续和保护良好的海拔断面的最佳范例之一。	Costa Rica 哥斯达黎加
58	Mount Nimba Strict Nature Reserve 宁巴山自然保护区	N	1981	（ix）（x）	宁巴山自然保护区，宁巴山位于几内亚、利比亚和科特迪瓦的边境，高高耸立在一片草原之上，草原高山的脚下覆盖着浓密的森林。这一地区拥有特别丰富的动植物，还有一些当地特有的动物，如胎生蟾蜍和以使用石头当工具的黑猩猩。标准（ix）：罕见的西非山脉的一部分，宁巴山突然上升到海拔 1 752 米，环绕低海拔的森林平原，这是一个由山地森林覆盖的低海拔的孤立避难所，让我们从生态的角度来看待几内亚湾的景观。标准（x）：该遗产地独特的地理和气候，加之其生物地理特点使宁巴山脉成为整个西非地区最显著的生物多样性地区之一。	Côte d'Ivoire 科特迪瓦 Guinea 几内亚
59	Taï National Park 塔伊国家公园	N	1982	（vii）（x）	塔伊国家公园，这个公园是西非剩下的最后的原始热带森林之一，有丰富的自然植物和濒临灭绝的哺乳动物种类，例如矮河马和11种猴子,都具有很高的科学研究价值。	Côte d'Ivoire 科特迪瓦

编号	遗产地名称	类型	入选时间/年份	入选标准	国家
60	Comoé National Park 科莫埃国家公园	N	1983	（ix） （x） 科莫埃国家公园是西非最大的保护区之一，其特点是植物的品种极为繁多。由于科莫埃河的灌溉，这里的植物一般只存在于南方地区，如热带大草原和浓密雨林中的灌木。 标准（ix）：该遗产地由于其地理位置和广袤的地域，且致力于自然资源的保护，而成为特别重要的生态单元。其地貌由科莫埃河及其支流流经的广阔的平原和深脊组成，潮湿的植物向北生长，有利于森林地带野生生物的生存。 标准（x）：由于其地理位置和横穿科莫埃河230多千米，科莫埃国家公园有许多动物和植物物种。实际上，其地理位置使这一遗产地成为拥有众多西非植物和动物物种的区域。	Côte d'Ivoire 科特迪瓦
61	Plitvice Lakes National Park 布里特威斯湖国家公园	N	1979	（vii） （viii） （ix） 布里特威斯湖国家公园，数千年来流经石灰石和白垩上的水，逐渐沉积为石灰华屏障，构成一道道天然堤坝，这些堤坝又形成了一个个美丽的湖泊、洞穴和瀑布。这种地质作用至今仍在继续进行。公园里的森林是熊、狼和许多稀有鸟类的家园。	Croatia 克罗地亚
62	Desembarco del Granma National Park 格朗玛的德桑巴尔科国家公园	N	1999	（vii） （viii） 格朗玛的德桑巴尔科国家公园内有上升的海底、至今仍在发展的喀斯特地形、地貌，展现了具有全球意义的地貌和地形特点以及正在进行的地质作用。这一地区位于古巴东南部的克鲁斯周围，既有壮观的梯田和悬崖，又有一些西大西洋海岸最原始、最壮观的悬崖。 标准（vii）：卡布克鲁斯的梯田形成了古巴的一个奇异海岸景观，是世界上最大、保护最完好的沿海石灰岩梯田体系。令人印象深刻的、原始的海岸峭壁与西大西洋接壤，既是突出的自然景观，又是令人震惊的视觉盛宴。 标准（viii）：格朗玛的德桑巴尔科国家公园有上升的海底，以及持续演变的喀斯特地貌，是具有全球意义的重要地质地貌，是正在进行的地质过程的例证。	Cuba 古巴

编号	遗产地名称	类型	入选时间/年份	入选标准	国家
63	Alejandro de Humboldt National Park 阿里杰罗德胡波尔德国家公园	N	2001	（ix）（x）	阿里杰罗德波尔德国家公园，加勒比海地区与世隔绝，有着复杂的地质和多变的地形，这些因素促生了生态系统和物种的多样性，使这里成为地球上生物种类最丰富的热带岛屿之一。许多岩石对植物来说都是有毒的，这迫使岛屿的物种逐渐适应在恶劣的环境下生存。这种独特的进化过程使加勒比海地区形成了许多新的物种，而这个国家公园也是西半球最重要的保护本土植物资源的保护区之一。公园里的当地特有脊椎动物和无脊椎动物数量众多。标准（ix）：从科学角度，假定阿里杰罗德胡波尔国家公园作为更新世避难所的历史、面积、海拔、地形的复杂性和多样性造就了当地物种的持续进化和陆地及海洋生态系统的发展，这在加勒比海盗地区是无与伦比的，确实具有全球重要意义。标准（x）：阿里杰罗德胡波尔德国家公园拥有一些最重要的古巴陆地和淡水生物的自然栖息地，作为地球陆地环境中生物多样性最丰富的热带生态系统之一，具有全球重要意义。	Cuba 古巴
64	Virunga National Park 维龙加国家公园	N	1979	（vii）（viii）（x）	维龙加国家公园占地 790 000 万公顷，地貌多种多样，从沼泽地、稀树大草原到海拔 5 000 米以上的鲁文佐里雪山（snowfields of Rwenzori），从融岩平原到火山山坡处的大草原，不一而足。山地大猩猩栖息在公园里，河畔地带约有 20 000 头河马，而自西伯利亚迁徙的鸟儿也在这里过冬。标准（vii）：维龙加国家公园为非洲提供了最壮观的山地景观。鲁文佐里雪山的锯齿状的浮雕和大雪覆盖的山峰，悬崖和陡峭的山谷，覆盖着树蕨的维龙加火山，覆盖着浓密森林的斜坡，让这个地方呈现一种绝妙的自然美。标准（viii）：维龙加国家公园位于东非大裂谷的艾伯丁裂谷的中心。在公园的南部，该地区的伸展而导致的构造运动使维龙加山体出现，包括 8 个火山，其中 7 个完全或部分位于该公园中。标准（x）：由于维龙加国家公园的海拔变化（从 680 米到 5 109 米），降雨和陆地特点，该公园植物和栖息地的多样性是非常丰富，使其成为非洲国家公园生物多样性之首。已确定有 2 000 多原始植物物种，其中 10% 的物种都是艾伯丁裂谷的特有物种。	Democratic Republic of the Congo 刚果民主共和国

编号	遗产地名称	类型	入选时间/年份	入选标准	国家
65	Kahuzi-Biega National Park 卡胡兹—别加国家公园	N	1980	（x）	
				卡胡兹—别加国家公园，这是卡胡兹和别加两座壮观的死火山雄踞的大片原始热带森林，公园有种类丰富、数量繁多的动物资源。其中最后遗存的山地大猩猩群之一（大约只由 250 头组成）就生活在海拔 2 100～2 400 米的地区。 标准（x）：卡胡兹—别加国家公园的哺乳动物物种数量远远多于艾伯丁裂谷的其他地方。它是该地区在特有物种和物种多样性方面具有第二重要地位的地方。	
66	Garamba National Park 加兰巴国家公园	N	1980	（vii）（x）	Democratic Republic of the Congo 刚果民主共和国
				加兰巴国家公园拥有广阔的大草原、草场以及森林区域，其间星罗棋布地分布着河边狭长树林和沼泽低地。这里是四种大型哺乳动的栖息地：大象、长颈鹿、河马，以及珍稀的白犀牛。虽然白犀牛的体积比黑犀牛大得多，但不会危害人类，目前仅存约 30 头。 标准（vii）：加兰巴国家公园及其周边的狩猎场地域广阔，散落着分布密集的小岛永久泉，使该地区的物质生产力和食草动物的生物量极其高。 标准（x）：加兰巴国家公园有世界上最大的陆地哺乳动物，大象、犀牛、长颈鹿和河马。北部白犀牛的种群是这一亚种最后幸存的种群。	
67	Salonga National Park 萨隆加国家公园	N	1984	（vii）（ix）	
				萨隆加国家公园是非洲最大的热带雨林保护区，处在刚果河流域的中心位置。公园与世隔绝，只可从水路进入。公园有许多当地的濒危物种，如矮黑猩猩、刚果孔雀、雨林象，以及一种口鼻部细长的被称为"假"（false）鳄鱼的非洲动物。 标准（vii）：萨隆加国家公园代表了非洲中部非常罕见的现存绝对完好的生境。此外，它还包括广袤的湿地地区和几乎无法进入的长廊林，因此这里从来没有被探索过，仍然被认为是绝对处于原始状态。 标准（ix）：萨隆加国家公园里的植物和动物是在适应赤道雨林环境而进行生物进化的生命形式的范例。公园面积的广阔性确保了物种和生物群落在相对未受干扰的森林内持续进化的可能性。	

编号	遗产地名称	类型	入选时间/年份	入选标准		国家
68	Okapi Wildlife Reserve 俄卡皮鹿野生动物保护地	N	1996	(x)	俄卡皮鹿野生动物保护地占据了位于刚果共和国东北部的伊图里（Ituri）森林 1/5 的面积。保护区及其森林属扎伊尔河流域的一部分，而这个流域是非洲最大的排水系统之一。保护区内生存着许多濒危的灵长目类和鸟类动物。目前幸存的野生俄卡皮鹿有 30 000 头，其中 5 000 头栖息在这个保护区。区内也有其他壮丽景观，包括伊图里河（Ituri River）和埃普卢河（Epulu River）上的瀑布。这里居住着传统小矮人游牧民族——穆布提族（Mbuti）和埃费族（Efe）的猎人。 标准（x）：凭借其生物-地理位置，丰富的生境和无数的物种是在相邻的低海拔森林中很罕见或没有的，很可能是在早期干燥气候中，伊图里森林作为热带雨林的避难所被保存下来。	Democratic Republic of the Congo 刚果民主共和国
69	Ilulissat Icefjord 伊路利萨特冰湾	N	2004	(vii) (viii)	格陵兰的伊路利萨特冰湾（40 240 公顷）位于格陵兰岛西岸，北极圈以北 250 千米，是少数几个通过格陵兰冰冠入海的冰河之一瑟梅哥－库雅雷哥（Sermeq Kujalleq）的出海口。瑟梅哥－库雅雷哥是世界上流速最快（每天 19 米），也是最活跃的冰川之一，每年裂冰超过 35 立方千米，占格陵兰岛裂冰的 10%，比南极洲以外的任何其他冰河都多。人们对这条冰湾的研究超过 250 年，冰湾有利于我们对气候变化和冰河学的了解。巨大的冰盖，加上冰流迅速移动，在冰山覆盖的峡湾内崩裂发出的巨响，形成了令人敬畏的自然现象。 标准（vii）：巨大的冰盖，加上冰流迅速移动，在冰山覆盖的峡湾内崩裂发出的巨响，形成了令人敬畏的自然现象。 标准（viii）：伊路利萨特冰湾是地球历史第四纪时期最后一个冰河时代的杰出范例。其冰流是世界上速度最快（19 米/天）最活跃的。其每年的生产率超过 35 立方千米，是所有格陵兰冰川产量的 10%，比南极洲以外的其他冰川都高。	Denmark 丹麦

编号	遗产地名称	类型	入选时间/年份	入选标准	国家
70	Morne Trois Pitons National Park 毛恩特鲁瓦皮顿山国家公园	N	1997	（viii）（x）	毛恩特鲁瓦皮顿山国家公园位于海拔1 342 米的毛恩特鲁瓦皮顿火山区中心，园内丰富的天然热带森林与具有重要科学价值的火山景致交织在一起。特鲁瓦—皮顿山国家公园近 7 000 公顷的园区内自然景观星罗棋布：陡峭的斜坡、幽深的峡谷、50 处火山喷气孔、温泉、3 处淡水湖、一个"沸腾湖"以及五座火山。这里还有着小安的列斯群岛最丰富的生物物种资源，展现了一幅自然景观与世界遗产价值相融合的奇妙图景。委员会认为毛恩特鲁瓦皮顿山国家公园因为其特有的维管束植物物种、火山和瀑布代表了正在进行的地理形态过程，具有较高的观赏价值，因此符合自然遗产的标准（viii）和（x）。	Dominica 多米尼加
71	Galápagos Islands 加拉帕戈斯群岛	N	1978	（vii）（viii）（ix）（x）	加拉帕戈斯群岛地处离南美大陆 1 000 千米的太平洋上，由 19 个火山岛以及周围的海域组成，被人称作独一无二的"活的生物进化博物馆和陈列室"。加拉帕戈斯群岛处于三大洋流的交汇处，是海洋生物的"大熔炉"。持续的地震和火山活动反映了群岛的形成过程。这些过程，加上群岛与世隔绝的地理位置，促使群岛内进化出许多奇异的动物物种，例如陆生鬣蜥、巨龟和多种类型的雀类。1835 年查尔斯·达尔文参观了这片岛屿后，从中得到感悟，进而提出了著名的进化论。	Ecuador 厄瓜多尔
72	Sangay National Park 桑盖国家公园	N	1983	（vii）（viii）（ix）（x）	桑盖国家公园以其独特秀丽的自然风光和两座活火山的壮观景象向人们展现了一个完整系列的生态系统，从热带雨林延伸到冰川，白雪皑皑的山峰与苍翠的平原森林交相辉映。这种孤立的环境使得当地特有的生物，诸如山貘和安第斯秃鹫等得以幸存。	

编号	遗产地名称	类型	入选时间/年份	入选标准	国家
73	Wadi Al-Hitan（Whale Valley）鲸鱼峡谷	N	2005	（viii） 鲸鱼峡谷位于埃及西部沙漠，有珍贵的鲸化石，这种鲸类属于最古老的、现已绝迹的古鲸亚目。这些化石反映了主要的进化历程之一：鲸由早期的陆生动物进化为海洋哺乳动物。这是世界上反映这一进化阶段的最重要遗迹，生动地展示了这些鲸在进化过程中的生命形态。化石的数量、集中程度以及质量可谓首屈一指，所处的环境风景迷人，受到良好保护。鲸鱼峡谷的化石展现了鲸后鳍退化最后阶段的原始状态。这些鲸鱼尽管在头骨和牙齿结构方面仍保持了原始面貌，但已显示了现代鲸典型的流线型身体形态。加上该遗址的其他化石材料，使人们完全可能重建当时的环境和生态。 标准（viii）：鲸鱼峡谷是世界上最重要的体现地球生命记录中的标志性变化之一——鲸鱼进化的地区。它生动地描绘了鲸鱼从陆地动物到海洋动物过渡时期的鲸鱼的形式和生活模式。其化石的数量、密度和质量，以及通达性和环境都超过了其他同类遗产地的价值。	Egypt 埃及
74	Simien National Park 塞米恩国家公园	N	1978	（vii）（x） 塞米恩国家公园，多年以来，埃塞俄比亚高原遭受了严重侵蚀，但侵蚀也造就了世界上最为壮观的奇景之一，这里山峰险峻，峡谷幽深，悬崖峭壁高达 1 500 米。公园也是一些极珍稀动物的栖息地，比如杰拉达狒狒、塞米恩狐狸和世界上仅此一处的瓦利亚野生山羊。 标准（vii）：该遗产地壮丽的景观是塞米恩山体的一部分，坐落于埃塞俄比亚北部界线，包括埃塞俄比亚的最高点 Ras Dejen。 标准（x）：该遗产地因其生物多样性保护而具有全球重要意义。它组成了 Afroalpine 植物多样性中心和东部 Afromontane 生物多样性热点地区的一部分，是许多全球濒危物种的家园。	Ethiopia 埃塞俄比亚

编号	遗产地名称	类型	入选时间/年份	入选标准	国家
75	High Coast/Kvarken Archipelago 高海岸/瓦尔肯群岛	N	2000	（viii）	高海岸/瓦尔肯群岛，高海岸位于波罗的尼亚湾西海滨，是波罗的海向北延伸的一部分。这片海岸面积为 142 500 公顷，其中 80 000 公顷为海洋部分，有大量的近海群岛。由于冰河作用、冰川消融及海面新陆地抬升的共同作用，形成了该地区一系列的湖泊、海湾和高达 350 米的低丘等不规则地形。自 9 600 年前冰川从高海岸最后消融以来，陆地抬升最高达 285 米，这就是著名的"反弹"。高海岸遗址为认识地球表面冰冻和陆地抬升区域形成的重要过程提供了极好的机会。"瓦尔肯群岛"（2006 年加入到世界遗产的高海岸项目中）有 5 600 个群岛和小岛，总面积 194 400 公顷（15%为陆地，85%为海洋）。地面主要为 10 000～24 000 年前大陆冰层融化形成的不规则脊状延伸的洗衣板冰碛，"DeGreer 冰碛"。在冰川快速均衡抬升过程中，小岛不断地从海面升起，原来被冰川压迫而下沉的大陆，逐渐以世界最快的速度抬升。海岸线不断推进，岛屿慢慢形成并连接在一起，半岛也在扩张，湖泊由海湾演变而来，继而成为块状沼泽与湿地。瓦尔肯是研究地壳均衡现象的"典型区域"；人们正是从此地开始认识并研究这种现象的。	Finland 芬兰 Sweden 瑞典
76	Gulf of Porto: Calanche of Piana, Gulf of Girolata, Scandola Reserve 波尔托湾	N	1983	（vii）（viii）（x）	波尔托湾：皮亚纳—卡兰切斯、基罗拉塔湾、斯康多拉保护区，这个自然保护区是科西嘉地区自然公园的一部分，位于斯康多拉半岛，属斑岩地貌的多石地带。这里的植被是茂密的灌木丛林，天空中飞翔着海鸥、鸬鹚和海鹰。清澈的海水，星星点点的小岛，连同险峻的岩洞构成了海洋生物的富饶家园。	France 法国

编号	遗产地名称	类型	入选时间/年份	入选标准	国家
77	Lagoons of New Caledonia: Reef Diversity and Associated Ecosystems 新喀里多尼亚潟湖	N	2008	（vii）（ix）（x）	France 法国
78	Pitons, cirques and remparts of Reunion Island 留尼汪岛的山峰、冰斗和峭壁	N	2010	（vii）（x）	

新喀里多尼亚潟湖：珊瑚礁的多样性及相关生态系统。新喀里多尼亚潟湖位于法属太平洋群岛的新喀里多尼亚，生活着 6 个海洋生物群落，作为世界上最大的三个珊瑚礁生态系统之一，代表着主要珊瑚礁的多样性和相关的生态系统。这些潟湖里有着世界上结构最多样的珊瑚礁且以珊瑚礁及鱼类显著的多样性为特点，是包括红树林到海藻在内的连续统一的栖息地。这里的生态系统保存完好，有着数量可观的大型食肉动物和大量种类繁多的大型鱼类。潟湖的存在给海洋濒危物种如海龟，鲸鱼等提供了栖息地，生活在这里的海牛数量居于世界第三位。

标准（vii）：绝妙的自然景观：新喀里多尼亚的热带潟湖和珊瑚礁被认为是世界上最美丽的珊瑚礁系统，因为在这样一个相对较小的区域内，热带潟湖和珊瑚礁的形状和形式多样性十分丰富。

标准（ix）：正在进行的生物和生态过程：该遗产地的复杂多样的礁石具有全球独特性，因为它们在海洋中是"自立的"（free-standing），围绕着新喀里多尼亚岛，提供了不同的海洋地质物质，包括暖流和寒流。

标准（x）：生物多样性和濒危物种：该遗产地是一个海洋遗产地，生物多样性丰富，是红树林的栖息地，从海草到广泛的礁石在这里都有分布。

留尼汪岛的山峰、冰斗和峭壁，这一自然遗址与留尼汪国家公园的中心区相邻，占地 10 多万公顷，即相当于留尼汪岛面积的 40%。留尼汪岛由两座位于印度洋西南部的火山山脉组成。在此遗址内，两座高耸的火山峰、巨大的峭壁与三座悬崖边的冰斗俯瞰着岛屿，其下峭壁与森林覆盖着的峡谷与盆地交相呼应，共同形成一幅壮阔的图画。这里是植物的天然栖息地，不仅植物种类繁多，而且多为本地独特的品种。亚热带雨林、云雾林和沼泽地交织在一起，宛如一个由生态系统和各种景物组成的马赛克。

标准（vii）：火山、构造滑坡、强降雨和河流侵蚀共同铸造了这一壮观、美丽的景观，主要景观是两座高耸的火山，休眠的 Neiges 冰锥和 Fournaise 冰斗。

标准（x）：该遗产地是特有性非常高的植物物种多样性的全球中心。它包括马斯克林群岛最重要的保护生物多样性的现存自然栖息地，包括一系列罕见森林物种。

编号	遗产地名称	类型	入选时间/年份	入选标准		国家
79	Messel Pit Fossil Site 麦塞尔化石遗址	N	1995	(viii)	麦塞尔化石遗址是了解 5 700 万～3 600 万年间始新世生活环境极为珍贵的遗址，是哺乳动物早期进化的唯一资料。从完好的骨架到那个时期动物胃里的物质，哺乳动物的化石仍保存完好。	Germany 德国
80	Primeval Beech Forests of the Carpathians and the Ancient Beech Forests of Germany 德国古山毛榉林	N	2011	(ix)	德国古山毛榉林，为展示进行中的冰后期陆地生态系统的生物与生态进化过程提供了范例，并成为了解山毛榉树种在北半球的多种环境下，繁殖扩散情况的一个必不可少的环节。遗址新增部分包括 5 座森林，共占地 4 391 公顷。2007 年列入《世界遗产名录》的斯洛伐克和乌克兰的山毛榉林占地 29 278 公顷。同属三国的这一世界遗产由此更名为"喀尔巴阡山脉原始山毛榉林和德国古山毛榉林"（The Primeval Beech Forests of the Carpathians and the Ancient Beech Forests of Germany，斯洛伐克、乌克兰、德国）。 标准（ix）：喀尔巴阡山脉的原始山毛榉林和德国古山毛榉森林是理解水青冈属植物演化和历史必不可少的部分，其中，由于在北半球广泛分布和其生态重要性，因此具有全球重要性。	Germany 德国 Slovakia 斯洛伐克 Ukraine 乌克兰
81	The Wadden Sea 瓦登海	N	2009	(viii) (ix) (x)	瓦登海由荷兰的瓦登海保护区和德国的石勒苏益格—荷尔斯泰因州的瓦登海国家公园。这是一个大的、相对平坦的沿海湿地环境，是自然和生物因素互相作用的结果，形成了许多过渡性的栖息地，潮汐通道、沙质浅滩、海草草甸、贻贝床、沙洲、滩涂、盐沼、河口、海滩和沙丘。该遗产地代表瓦登海 66%以上的地区，是无数植物和动物物种的家，包括海洋哺乳动物，例如海豹、灰海豹和海港鼠海豚。该地也是每年 1 200 万鸟类的繁殖和越冬区，同时养活 29 个物种的10%以上。瓦登海是最后现存的自然、大规模潮间带生态系统之一，其中持续发挥作用的自然过程大部分没有受到干扰。 标准（viii）：瓦登海作为沉积海岸线，其规模和多样性都是无与伦比的。它的独特性在于拥有一个几乎完全的滩涂和屏障系统，仅受到轻微的河流影响，是在海平面上升条件下，错综复杂的温带气候沙质障壁海岸大规模发展的杰出范例。 标准（ix）：瓦登海是最后现存的自然、大规模潮间带生态系统之一，其中持续发挥作用的自然过程大部分没有受到干扰。 标准（x）：沿岸湿地的动物多样性并非一直丰富，然而，瓦登海却不是这样。其盐沼中大约有 2 300 个动植物物种，海洋和咸水多达 2 700 个物种和 30 种繁殖鸟类物种。	Germany 德国 Netherlands 荷兰

编号	遗产地名称	类型	入选时间/年份	入选标准		国家
82	Río Plátano Biosphere Reserve 雷奥普拉塔诺生物圈保留地	N	1982	（vii）（viii）（ix）（x）	雷奥普拉塔诺生物圈保留地位于雷奥普拉塔诺河的分水岭处，是中美洲少数几个湿热带雨林保护区之一。保留地内有数量丰富、种类繁多的植物和野生动物。在它加勒比海岸延伸的山地上，有 2 000 多名土著居民在此居住，他们仍然沿袭传统的生活方式。	Honduras 洪都拉斯
83	Caves of Aggtelek Karst and Slovak Karst 阿格泰列克洞穴和斯洛伐克喀斯特地貌	N	1995	（viii）	阿格泰列克洞穴和斯洛伐克喀斯特地貌，变化多端的岩层结构以及顺序排列在有限空间内的 712 个洞穴，为我们描绘出一幅温带喀斯特的神奇景观。作为热带与冰河气候共同作用下的一种极其奇特的组合，该地貌使人们研究几千万年以来的地貌历史成为可能。	Hungary 匈牙利 Slovakia 斯洛伐克
84	Surtsey 叙尔特塞	N	2008	（ix）	叙尔特塞（Surtsey）是冰岛南海岸约 32 千米的一座火山岛，是 1963—1967 年火山爆发新形成的一个岛屿。由于其自出现以后就受到良好保护，所以提供了一个天然实验室。因为没有受到人为干扰，叙尔特塞一直长期为新植物和动物殖民化过程提供信息。自从 1964 年开始研究该岛，1965 年第一个维管束植物在这里出现后，科学家已经观察到洋流带来了物种，霉菌、细菌和真菌。截至 2004 年，物种数量达到 60 种，还有 75 种苔藓，71 种地衣和 24 种真菌。8/9 的鸟类物种都可以在叙尔特塞找到，其中 57 种在冰岛的其他地方繁殖。141 公顷的岛也是 335 种无脊椎动物的家园。 标准（ix）：正在进行的生物和生态过程：叙尔特塞是 1963—1967 年新形成的岛屿，自那时起，它在进化和物种定居研究中起到了重要作用。它也是世界上长期研究早期演化的地方之一，为植物、动物和海洋生物在陆地定居提供了科学记录。	Iceland 冰岛
85	Kaziranga National Park 卡齐兰加国家公园	N	1985	（ix）（x）	卡齐兰加国家公园位于印度阿萨姆邦中心地带，是印度东部最后一批没有人类活动骚扰的地区之一。这个公园里生活着世界上最大种群、最多数量的独角犀牛，还有许多其他哺乳动物，包括老虎、大象、豹、熊和数以千计的鸟类。	India 印度

编号	遗产地名称	类型	入选时间/年份	入选标准	国家
86	Keoladeo National Park 凯奥拉德奥国家公园	N	1985	(x)	凯奥拉德奥国家公园位于印度默哈拉杰。以前这里是猎鸭地区，现在是大批水禽鸟类冬季栖息的重要地区。这些水禽来自阿富汗、土库曼斯坦、中国和西伯利亚。364种鸟在公园里已经记录在册，其中包括稀有的西伯利亚鹤。 标准（x）：凯奥拉德奥国家公园是水禽、鸟类迁徙的湿地，具有国际重要性，这里是鸟类中亚迁徙路线中，分散到其他地方前聚集的重要湿地。	India 印度
87	Manas Wildlife Sanctuary 马纳斯野生动植物保护区	N	1985	(vii) (ix) (x)	马纳斯野生动植物保护区位于喜马拉雅山脚下一个平缓的斜坡上，这里由一片冲积草原和热带森林构成，是许多野生动物的家园。保护区内生活着许多濒危物种，如老虎、小矮猪、印度犀牛和印度象。 标准（vii）：马纳斯不仅生物多样性丰富，而且自然景观和风景壮观。马纳斯坐落在东喜马拉雅山脚下。该公园的北界线是不丹丘陵组成的不丹的连续边界。它更跨雄伟的马纳斯河流东西两侧被保护的森林。 标准（ix）：Manas-Beki系统是流经该遗产地的重要河流系统，汇入布拉马普特拉河流下游。在强降雨的作用下，且由于岩石和集水区陡坡的脆弱性，这些河流和其他河流携带大量山底的泥沙和岩石。 标准（x）：马纳斯野生动植物保护区为22种印度最濒危物种提供了栖息地。这里总计有将近60个哺乳动物物种，42个爬行动物物种，7个两栖生物物种和500个鸟类物种，其中26种都是濒危物种。	
88	Sundarbans National Park 孙德尔本斯国家公园	N	1987	(ix) (x)	孙德尔本斯国家公园位于恒河三角洲，占据10 000平方千米的陆地和水域（其中一半以上地区在印度，其余部分在孟加拉国）。这里有世界上最大的红树林区。公园内生活着许多稀有或濒危动物，其中包括老虎、水生哺乳动物、鸟类和爬行动物。 标准（ix）：孙德尔本斯是世界上面积最大的、唯一有老虎居住的红树林区。孙德尔本斯的陆地区域一直不断被潮汐作用、沿河口的侵蚀过程和受海水所排淤泥影响的内部河道的沉积过程而改变。 标准（x）：孙德尔本斯的红树林生态系统被认为是独一无二的，因为它有丰富的红树林和与红树林相关的动物。大约78个红树林物种使其成为世界上最丰富的红树林区。	

编号	遗产地名称	类型	入选时间/年份	入选标准		国家
89	Nanda Devi and Valley of Flowers National Parks 南达戴维国家公园和花谷国家公园	N	1988	(vii) (x)	南达戴维国家公园和花谷国家公园是喜马拉雅山脉最引人入胜的荒原地区之一。公园的主体是高达 7 800 多米南达戴维山主峰。由于该地区人迹罕至，这或多或少使它得以保留原貌。一些濒危哺乳动物栖息在这里，其中特别珍贵的有雪豹、喜马拉雅山麝香鹿和岩羊。花谷国家公园以其地方特色的高山花卉草地和突出的自然美景而闻名，同时还是稀有濒危动物的栖息地，这些动物包括亚洲黑熊、雪豹、棕熊和岩羊。这些公园包括赞斯卡勒山地和大喜马拉雅之间独特的过渡区，在一个多世纪中它们得到了登山运动员和植物学家的赞美，并在更长时间里获得了印度神话的称颂。 标准（vii）：南达戴维国家公园因其偏远的荒原地区而出名，主要景观是高达 7 817 米的印度第二高山脉，和受到保护的壮观的地形地貌，包括冰川、冰碛和高山草甸。 标准（x）：南达戴维国家公园以及其高海拔的栖息地，使这里有大量的哺乳动物，包括一些濒危哺乳动物，特别是著名的雪豹和喜马拉雅麝，以及众多的岩羊。	India 印度
90	Western Ghats 西高止山脉	N	2012	(ix) (x)	西高止山脉（印度）比喜马拉雅山脉更古老，它反映了具有独特生物物理过程和生态过程的地貌特征所具有的重要意义。遗址的高山森林生态系统影响到印度季风气候模式,在缓和该地区的热带气候的同时，也是展现我们这个星球的季风系统最佳例证之一。这一遗址的生物多样性水平极高并且拥有大量特有物种。它是世界公认的八大"最热门生物多样性热点"之一。遗址内的森林，包括一些全球各地的非赤道热带常绿林的优秀代表，是至少 325 种全球濒危植物、动物、鸟类、两栖动物、爬行动物和鱼类的家园。 标准（ix）：西高止山脉地区所展示的物种形成首先与侏罗纪早期的冈瓦纳古陆解体有关；其次与印度成为一个孤立的陆地有关，最后与印度陆地与亚欧大陆的合体有关。 标准（x）：西高止山脉是包含特殊等级的植物和动物多样性以及拥有特有物种的大陆地区。尤其是高止山脉的 45 000 种植物物种的特有物种水平非常高：西高止山脉发现了 650 个树种，其中 352 种（54%）是当地特有的。动物多样性也是十分突出，包括两栖类（高达 179 种，65%是地方特有物种），爬行类（157 种，62%是地方特有物种）和鱼类（219 种，53%是地方特有物种）。	

编号	遗产地名称	类型	入选时间/年份	入选标准	国家
91	Komodo National Park 科莫多国家公园	N	1991	（vii）（x）	科莫多国家公园，这里的火山岛上生活着大约 5 700 只巨大蜥蜴。它们因为外观和好斗而被称作"科莫多龙"，世界其他地方尚未发现它们的生存踪迹。这些蜥蜴引起了研究进化论的科学家们的极大兴趣。这里，干旱的热带大草原上高低不平的山坡，棘手多刺的绿色植被凹地和壮丽的白色沙滩，与珊瑚上涌动的蓝色海水形成了鲜明对照。 标准（vii）：科莫多国家公园是干燥稀树草原的崎岖山坡、长满荆棘的绿色植被、明亮的白沙滩和涌过珊瑚的湛蓝海水间的过渡景观，无疑是印度尼西亚最引人注目的风景之一。 标准（x）：科莫多国家公园包含世界上现存的莫多龙晰野生种群的大部分。世界上最大、最重的蜥蜴，是以其令人印象深刻的大小和可怕的外表而出名的物种，它能够有效地捕食大型动物，对极其严酷的生存条件耐受力强。	Indonesia 印度尼西亚
92	Ujung Kulon National Park 马戎格库龙国家公园	N	1991	（vii）（x）	马戎格库龙国家公园位于巽他大陆架的爪哇岛最西南端，包括马戎格库龙半岛和几个近海岛屿，其中有喀拉喀托（Krakatoa）保护区。这里自然风光秀丽，在地质研究方面具有重要意义，特别是为内陆火山的研究提供了很好的例证。除此之外，这里还保留着爪哇平原上面积最大的低地雨林。在那里生存着几种濒危动植物，其中受到威胁最大的是爪哇犀牛。 标准（vii）：喀拉喀托是自然世界中最新的火山岛最著名的一个例子之一，该遗产地及其森林、海岸线和岛屿是非常迷人的自然景观。喀拉喀托岛的自然特点以及周围的海域、天然植被、植被演替和火山活动共同形成了这一异常美丽的景观。 标准（x）：该遗产地包含爪哇岛最广泛的现存低地雨林，是在岛上其他地方几乎消失了的低地雨林栖息地，而且在印度尼西亚和东南亚地区承受了很大的压力，乌戎库隆半岛为一些濒临灭绝的植物和动物物种提供了宝贵的栖息地，最著名的是濒临灭绝的爪哇犀牛。	

编号	遗产地名称	类型	入选时间/年份	入选标准	国家
93	Lorentz National Park 洛伦茨公园	N	1999	（viii）（ix）（x）	
94	Tropical Rainforest Heritage of Sumatra 苏门答腊热带雨林	N	2004	（vii）（ix）（x）	Indonesia 印度尼西亚

编号 93 入选标准：

洛伦茨公园占地面积 250 万公顷，是东南亚最大的保护区，也是世界上唯一既包括积雪覆盖的山地又有热带海洋环境，以及连续完好的广阔低地沼泽保护区。它位于两个大陆板块碰撞的地方，这里的地质情况复杂，既有山脉的形成又有冰河作用的重要活动。这里还保存着化石遗址，记载了新几内亚生命的进化。这一地区拥有动植物的地方特色及丰富的生物多样性。

标准（viii）：洛伦茨国家公园的地质地貌展现了地球历史的图形证据。坐落于两个大陆板块碰撞的交汇点，这一区域正在进行的火山使其地质情况复杂，是冰川和海岸线增加作用的主要结果。

标准（ix）：洛伦茨国家公园是世界上唯一包含连续生态带的保护区，从白雪皑皑的山峰，到热带海洋环境，包括广泛的低地湿地。

编号 94 入选标准：

苏门答腊热带雨林，苏门答腊 250 万公顷的热带雨林由三个国家公园组成：古农列尤择（Gunung Leuser）、布吉克尼西士巴拉（Kerinci Seblat）以及巴瑞杉西拉坦（Bukit Barisan Selatan）国家公园。这里拥有长期保护苏门答腊种类各异且多样化的生物群和濒危物种的巨大潜力。保护区中约有 1 万种植物种类，包括 17 个本地类；超过 200 种的哺乳动物；580 种鸟类，其中 465 种是不迁徙的，21 种是当地特有的。在哺乳动物中，22 种是亚洲特有的，15 种仅限于印度尼西亚地区，其中包括苏门答腊猩猩。该保护区也提供了这个岛进化的生物地理学证据。

标准（vii）：组成苏门答腊热带雨林遗产的公园坐落于巴瑞杉西拉坦山脉的主峰上，以"苏门答腊的安第斯"而出名。壮观美丽的 Gunung Tujuh 湖（南亚最高的湖），天然森林环境中的巨大的 Mount Kerinci 火山、无数的小火山、海岸线和冰川湖，茂密的热带云林环境中的从山林和瀑布中散发出来的烟，展现了苏门答腊热带雨林遗产的秀美景观。

标准（ix）：苏门答腊的热带云林遗产展现了苏门答腊岛重要的森林体系，保护了岛上低地和山地森林的生物多样性。

标准（x）：组成苏门答腊热带雨林遗产的所有这三个公园都是非常多样的栖息地和生物多样性丰富的地区。总的来说，这三个地方包括 50%以上的苏门答腊植物物种。在 Gunung Leuser 国家公园，至少 192 个当地特有物种已被确定。

编号	遗产地名称	类型	入选时间/年份	入选标准		国家
95	Isole Eolie（Aeolian Islands）伊索莱约里（伊奥利亚群岛）	N	2000	（viii）	伊索莱约里（伊奥利亚群岛）出色地记录了火山活动对岛屿形成、岛屿毁坏过程的影响以及持续进行的火山现象。至少从 18 世纪起，人们就开始研究这里的火山活动。群岛为火山学的研究提供了两种类型火山喷发（活火山喷发和斯特隆布利式火山喷发）的鲜活例子，因此，200 多年来，这里对地质教育起了极其显著的作用。群岛继续为火山学领域的研究提供丰富的素材。 标准（viii）：在世界各地的对火山的持续研究中，该岛屿的火山地貌具有典型特色。对其科学性研究至少始于 18 世纪，这些岛屿提供了火山学和地质学教科书中描述的两种喷发类型（武尔卡诺型喷发和斯通博利型喷发），所以，在 200 多年的地球科学教育中具有突出作用。	Italy意大利
96	Monte San Giorgio圣乔治山	N	2003	（viii）	圣乔治山位于提契诺州卢加诺湖（瑞士）的南面的圣乔治山，海拔为 1 096 米，其森林覆盖的山体呈金字塔形。圣乔治山出土的三叠纪海洋生物（245 万～230 万年前）化石，迄今为止是最好的。它于 2003 年列入《世界遗产名录》。扩展之后，意大利境内的圣乔治山部分也一起包括进来。扩展部分的主要特点在于此处三叠纪化石层所含种类丰富并且价值极高。 标准（viii）：圣乔治山是记录三叠纪时期海洋生物的最著名的遗产，也是记录陆上生活遗迹的遗产。这一遗产地盛产数量多且种类丰富的化石，其中许多化石具有独特的完整性且保存完好。对该遗产地历史的长期研究和对资源的规范化管理创造了一个有据可查且编目良好的卓越品质标本，也是相关地质文献的基础。因此，圣乔治山成为了世界上与海相三叠纪相关的未来研究问题的重要参考。	Italy意大利Switzerland瑞士

编号	遗产地名称	类型	入选时间/年份	入选标准	国家
97	The Dolomites 多洛米蒂山	N	2009	(vii) (viii)	多洛米蒂山脉是意大利阿尔卑斯山脉北部东段的山群，其中 18 座山峰海拔逾 3 000 米，占地面积达 141 903 公顷。多洛米蒂山脉拥有最美丽的山地景观，垂直的峰墙，陡峭的悬崖和高密度的、狭长的、幽深的山谷。标准（vii）：多洛米蒂山被广泛认为是世界上最具有吸引力的山地景观之一。其固有的美起源于各种壮观的垂直地貌，例如顶峰、尖顶和塔楼、横向对比的表面，包括岩架、峭壁和高原，所有的这些都在广泛的沉积物和较平缓的山路上突然崛起。标准（viii）：多洛米蒂山的地貌具有国际意义，作为白云质石灰岩山脉发展的典型遗产地，该区域呈现出多元化与侵蚀、构造运动和冰川相关的地貌。	Italy 意大利
98	Mount Etna 埃特纳火山	N	2013	(viii)	该地标性的世界遗产位于西西里岛东岸，位于埃特纳山山顶 19 237 公顷的无人区。埃特纳火山是地中海地区最高的岛山，也是世界上最活跃的成层火山。该火山的喷发历史可以追溯到 50 万年前，有史籍记载的喷发已持续至少 2 700 年。埃特纳火山几乎从不间断的喷发活动对火山学、地球物理学以及其他地球科学学科产生着持续的影响。该火山还支撑着包括地方性动植物在内的重要陆地生态系统，活跃的埃特纳火山使其成为研究生态生物进程的天然实验室。埃特纳火山多变和多样的如火山口、火山渣堆、岩浆流以及 Valle de Bove 沟壑等的火山特征，使该遗址成为进行研究和教育的最好去处。标准（viii）：埃特纳火山是世界上最活跃和最具标志性的火山之一，是正在进行的地质过程和火山地貌的杰出范例。该层状火山的特点是山顶火山口的持续喷发，以及从侧面的撞击坑和裂缝中频繁流出的熔岩流。	
99	Shirakami-Sanchi 白神山地	N	1993	(ix)	白神山地位于北本州的群山中，该地区人迹罕至，保留了最后一个未被开发的寒带西博尔德毛榉树森林遗迹，西博尔德毛榉树曾经分布很广，几乎覆盖日本北部的所有丘陵和山坡。白神山地森林中还生活着黑熊、羚羊和 87 种鸟类。	Japan 日本

编号	遗产地名称	类型	入选时间/年份		入选标准	国家
100	Yakushima 屋久岛	N	1993	(vii) (ix)	屋久岛位于古北区和远东生物区的交汇点，该岛拥有丰富的植物资源，大约有1 900种（亚种）植物，包括古老的杉树样本（日本杉）。屋久岛还拥有该地区唯一一处暖温带古代森林遗迹。	
101	Shiretoko 知床半岛	N	2005	(ix) (x)	知床半岛位于日本最北部的岛屿北海道的东北部，包括半岛中部到其顶端（知床岬）的陆地部分和周围海域。它是北半球低纬度地区受季节性海冰形成极大影响的海洋和陆地生态系统以及生态系统生产力相互作用的突出典范。对许多海洋性和陆地物种具有特别的重要意义，这些物种中，有些是濒危和地方性的，例如毛腿渔鸮和知床堇植物。对于受到威胁的海鸟、候鸟、大量鲑类物种及包括北海狮和某些鲸类在内的海洋哺乳动物而言，知床半岛在全球具有重要意义。 标准（ix）：知床半岛提供了海洋和陆地生态系统以及非凡的生态系统生产力相互作用的杰出范例，受到北半球最低纬度的季节性海冰影响。 标准（x）：知床半岛对于许多海洋和陆地物种很重要。这些物种包括一些濒危物种和特有物种，例如岛枭猫头鹰和植物物种堇菜。该地对于一些鲑鱼和海洋哺乳动物也很重要，包括北海狮和一些鲸类物种。该遗产作为全球濒危海鸟的栖息地而具有重要意义，同时对于候鸟而言，也是全球重要的地区。	Japan 日本
102	Ogasawara Islands 小笠原群岛	N	2011	(ix)	小笠原群岛由三组共30多座岛屿组成，覆盖面积7 393公顷。岛屿自然景观丰富多样，是一种属于极危物种的蝙蝠——小笠原大蝙蝠（Bonin Flying Fox）及195种濒危鸟类等大量动物栖息的家园。在这些岛屿上已发现并记录了441种当地特有的植物类群，在其周边水域中生活着种类繁多的鱼类、鲸目动物和珊瑚。小笠原群岛的生态系统体现了一系列的生物进化过程，主要表现在这里不仅有着来自东南亚地区与西北亚地区的植物种，同时还生长着大量当地特有物种。 标准（ix）：该遗产地的生态系统通过其丰富的来自南亚和北亚原始物种的植物物种，反映了其进化过程。这里特有物种在选定的生物分类群中的比例非常高，这是进化过程产生的结果。该遗产地是活跃的、正在进行的物种形成过程的重要中心。	

编号	遗产地名称	类型	入选时间/年份	入选标准	国家
103	Saryarka – Steppe and Lakes of Northern Kazakhstan 萨亚尔—北哈萨克斯坦草原和湖泊	N	2008	（ix）（x）	萨亚尔—北哈萨克斯坦草原和湖泊由瑙尔祖姆（Naurzum）及科尔加尔辛（Korgalzhyn）两个自然保护区组成，总面积达 450 344 公顷。具有特色的沼泽地对水鸟的迁徙非常重要。这些水鸟包括一些受到全球性威胁的物种，例如极其罕见的西伯利亚白鹤、卷羽鹈鹕、玉带海雕等。这些沼泽地是从非洲、欧洲和南亚飞往西和东西伯利亚繁殖地的中亚候鸟迁徙途中的重要落脚点和交汇处。20 万公顷的中亚大草原为该地区一半多的植物群和大量受到威胁的鸟类及濒临灭绝的赛加羚羊（以前数量很多，现在由于偷猎，导致数量急剧下降）提供了庇护所。大草原上有淡水和咸水两种湖，它们位于从北部流向极区和南部，最后汇入阿拉尔—伊特什盆地的河流的分水岭上。 标准（ix）：正在进行的生物和生态过程：该遗产地有大量的草原和湖泊，而且这些草原和湖泊在很大程度上都没有受到干扰，展现了生物和生态过程。湖泊的水文特性、化学特性和生物特定的季节性变化，以及多样的湿地植物种群和动物种群通过复杂的干湿循环发展而来，具有全球重要意义和科学价值。 标准（x）：生物多样性和濒危物种：Korgalzhyn 和 Naurzum 国家自然保护区保护着大面积的天然草原和湖泊栖息地，养育着多样的中亚植物种群和动物种群，以及数量众多的候鸟，包括种全球濒危物种	Kazakhstan 哈萨克斯坦
104	Lake Turkana National Park 图尔卡纳湖国家公园	N	1997	（viii）（x）	图尔卡纳湖国家公园，图尔卡纳湖是非洲含盐量最高的大湖，它为研究动植物种群提供了良好环境。这里的三个国家公园既是迁徙水鸟的中途停留地，也是尼罗河鳄鱼、河马和各种毒蛇的栖息地。在图尔卡纳湖畔发现的库比·福勒化石遗迹中发掘出了许多哺乳动物、软体动物和其他动物的化石，它对于研究理解古代自然环境所作的贡献是非洲任何其他地方无法比拟的。 标准（viii）：地质和化石记录展现了地球历史的重要阶段，包括以原始人类为代表的生命记录，由火山侵蚀和沉积的土地形式展现了最新的地质过程。 标准（x）：该遗产地的特点是丰富的栖息地，因为这里的生态随时间改变，类型多样，从陆地、水域沙漠到草原，各种各样的动物栖息在这里。在保护区内原地保护物种，包括濒危物种，特别是网纹长颈鹿，狮子，斑马。并且拥有超过 35 种已记录的水生和陆生鸟类。	Kenya 肯尼亚

编号	遗产地名称	类型	入选时间/年份	入选标准	国家
105	Mount Kenya National Park/Natural Forest 肯尼亚山国家公园及自然森林	N	1997	（vii）（ix）	Kenya 肯尼亚
				肯尼亚山国家公园及自然森林，肯尼亚山海拔 5 199 米，是非洲的第二高峰。肯尼亚山是古代的一座死火山，在它的活动期（3.1 亿～2.6 亿年前），它的高度可能已达到 6 500 米。山上有 12 条小冰川，但是都在迅速融化中，山上还有四个次高峰坐落在 U 形冰川谷的顶部。陡峭的山峰常年白雪皑皑，山坡上生长着茂密的森林，这一切使得肯尼亚山成为东非最引人注目的风景之一。在这里，非洲高山地区的植物演化和生态系统也为研究生态发展提供了突出的样例。标准（vii）：肯尼亚山海拔 5 199 米，是非洲第二高山脉。这是一个古老的死火山，在其活动期（3.1 亿～2.6 亿年前）被认为海拔上升到 6 500 米。标准（ix）：肯尼亚山的高山植物的进化过程和生态过程是这种环境类型的生态过程的杰出范例。植被随海拔高度和降雨发生变化，这里有丰富的高山植物和亚高山植物。刺柏的环柄菇和罗汉松在海拔比较低（低于 2 500 米左右）的干旱区域占主导地位。	
106	Kenya Lake System in the Great Rift Valley 肯尼亚东非大裂谷的湖泊系统	N	2011	（vii）（ix）（x）	
				肯尼亚东非大裂谷的湖泊系统，由肯尼亚裂谷省的三个相互联系的潜水湖（博戈尼亚湖、纳库鲁湖、埃尔门泰塔湖）构成，总面积 32 034 公顷。这一地区是世界上鸟类种类最为丰富的地区之一，其中有 13 种鸟类是濒危物种。这里是小火烈鸟最重要的觅食之所，也是白鹈鹕筑巢和繁殖基地。景区内还生活着大量的大型哺乳动物，如黑犀牛、罗斯柴尔德长颈鹿、扭角林羚、狮子、猎豹和野狗等，对研究重大生态过程具有重要价值。标准（vii）：肯尼亚的湖泊系统展示了具有绝美自然风景的独特地质和生态过程，包括瀑布、喷泉、温泉、开阔的水域和湿地，集中在一个相对较小的区域，这些景观成为东非大裂谷的背景。标准（ix）：肯尼亚的湖泊系统说明了正在进行的生态和生物过程，让我们深入了解碳酸钠湖泊生态系统，以及与之有关的植物和动物种群。标准（x）：肯尼亚湖泊系统是单独的最重要的火烈鸟觅食地，大约 1.5 亿只火烈鸟从一条湖泊移动到另一条湖泊，这里是大白鹈鹕在大裂谷的重要的筑巢地和繁殖地。	

编号	遗产地名称	类型	入选时间/年份	入选标准	国家
107	Phoenix Islands Protected Area 菲尼克斯群岛保护区	N	2010	（vii）（ix） 菲尼克斯群岛保护区面积达 40.825 万平方千米，是南太平洋上海洋和陆地生物的栖息地。这一遗产由基里巴斯三座群岛中的菲尼克斯群岛组成，是世界上最大的指定海洋保护区。保护区内有保存完好的海洋珊瑚群岛生态系统，是世界上规模最大的海洋珊瑚群岛生态系统之一。此外，区内还包括已知的 14 座海底山峰（据推测为死火山）和其他深海栖息地。该地区已知的动物物种有大约 800 个，其中包括约 200 种珊瑚，500 种鱼类，18 种海洋哺乳动物和 44 种鸟类。保护区生态系统的结构和功能显示了其原生态的本质，以及作为物种迁移路线与储藏库的重要性。菲尼克斯群岛保护区是基里巴斯首个列入《世界遗产名录》的遗址。 标准（vii）：菲尼克斯群岛保护区，一片海洋荒野，对于人类殖民地来讲，是非常遥远和荒凉的地方，是人类活动对环礁和邻近海域产生影响的独特最小证据。菲尼克斯群岛保护区是一个非常大的保护区，是一片广袤的荒野地，这里的一切都是天然的，人类只是偶尔的访客。 标准（ix）：因其丰富的生物种群，成为众多游牧民族、迁徙动物和上层海洋和陆地物种的繁殖地，已知的和被预测的与这些孤立的大洋环礁、暗礁和海底山有关的生物多样性丰富的特有地区。菲尼克斯群岛保护区因其全球海洋生态系统和动植物群体为正在进行的生态和生物过程作出杰出贡献。	Kiribati 基里巴斯
108	Jeju Volcanic Island and Lava Tubes 济州火山岛和熔岩洞	N	2007	（vii）（viii） 济州火山岛和熔岩洞位于韩国最南端，由三部分组成，占地面积 18 846 公顷，为济州岛面积的 10.3%。遗产包括：地质遗址、绚丽多彩的碳酸盐洞顶和地面、纯黑色的熔岩洞壁、被视为最完美的熔岩洞窟体系；日出峰、由凝灰岩构成的锥形山峰，如堡垒般矗立在海边，景色令人叹为观止；韩国最高峰——汉拿山，以瀑布、形态各异的岩石和火山口湖泊而闻名。济州火山岛和熔岩洞不仅美丽绝伦，而且见证了地球的发展、特点和进化过程。	Korea, Republic of 韩国

编号	遗产地名称	类型	入选时间/年份	入选标准		国家
108	Jeju Volcanic Island and Lava Tubes 济州火山岛和熔岩洞	N	2007	（vii）（viii）	标准（vii）：该地质遗迹岩溶系统被认为是世界上此类洞穴系统中最佳的岩溶系统，甚至对那些见过这种现象的人都有强烈的视觉冲击力。它展示了装饰洞穴顶部和洞穴底部的多色碳酸盐的独特景观，深色的熔岩墙，以及被部分覆盖的沉积碳酸盐壁。标准（viii）：济州岛作为世界上固定大陆板块热点地区的几大盾状火山岛之一的岛屿，其具有独特的价值。其独特性在于地质岩溶系统，是世界受保护的岩溶洞中最令人印象深刻、最重要的一个，包括一系列次生碳酸盐溶洞堆积物（钟乳石和其他堆积物），其熔岩洞穴具有无可比拟的多样性。	Korea, Republic of 韩国
109	Tsingy de Bemaraha Strict Nature Reserve 黥基·德·贝马拉哈自然保护区	N	1990	（vii）（x）	黥基·德·贝马拉哈自然保护区是由喀斯特地貌和石灰岩丘陵组成。这里有挺拔的青贝峰、尖岩林，壮丽的马南布卢河河谷，连绵起伏的群山和高耸的山峰。未遭到破坏的森林、湖泊、红树林沼泽里栖息着濒临灭绝的珍稀狐猴和鸟类。标准（vii）：黥基·德·贝马拉哈自然保护区展现了稀有或者当地特有的重要地质现象，景观异常美丽。这里有令人印象深刻的地质要素，包括高度分割的石灰岩山体的岩溶景观，幽深的河流峡谷，该峡谷是《锋利的石头森林》中描述的地球进化的一个阶段，高耸的石灰岩顶端上升至100米，形成了名副其实的大教堂，成为宏伟壮观地自然景观。标准（x）：黥基·德·贝马拉哈自然保护区有罕见的种群和濒危动物物种。除了85 000多公顷的森林覆盖，以及是从热带雨林栖息地到气候非常干燥的栖息地的生态系统的范例，该遗迹的生态多样性丰富（从世界水平角度考虑），这是因为这里有丰富的动植物物种，它们的稀有性和包容性代表了物种的适应性和孤立性，使其能够原地保护这里的生物多样性和特有性。	Madagascar 马达加斯加

编号	遗产地名称	类型	入选时间/年份	入选标准	国家
110	Rainforests of the Atsinanana 阿钦安阿纳雨林	N	2007	（ix）（x）	阿钦安阿纳雨林是由分布在该岛东部的六个国家公园组成。这些幸存至今的雨林对于延续生态进程的不断发展尤为重要，而这正是能够反映出马达加斯加岛地质发展史的生物多样性赖以生存的命脉。6 000 万年前，马达加斯加同大陆彻底分离，这里的动植物在孤立隔绝的状态下完成了进化过程。阿钦安阿纳雨林入选《名录》，不仅仅因为它对于生态和生物进程的重要性，更是由于雨林中的生物多样性和濒危物种。雨林中当地特有物种的比例非常之高，占所有种群的 80%～90%。阿钦安阿纳雨林对于动物种群，特别是灵长目动物具有特别重要的意义。这里生活着很多珍稀和濒危物种，马达加斯加全部 123 种陆上哺乳动物中有 78 种栖息在这片雨林，包括被世界自然保护联盟列入《濒危物种红色名录》的 72 个物种，其中有至少 25 种狐猴。标准（ix）：阿钦安阿纳的热带雨林是森林遗迹，与马达加斯加东部的悬崖和陡峭的地形有关。保护区包括该遗产地已经成为保护马达加斯加独特生物多样性正在进行的生态过程的极重要地区。标准（x）：该遗产地的物种水平是所有种群的 80%～90%，地方特有科属是常见的。马达加斯加是众所周知的"生物多样性极为丰富"的国家，特有植物物种大约达 12 000 种。	Madagascar 马达加斯加
111	Lake Malawi National Park 马拉维湖国家公园	N	1984	（vii）（ix）（x）	马拉维湖国家公园位于宽阔的马拉维湖的最南端，湖水清澈深邃，背后群山相伴。马拉维湖国家公园保护着上百种当地的特有鱼类，其对于进化研究的重要性可与厄瓜多尔西部的加拉帕哥斯群岛上的雀类相提并论。标准（vii）：该遗产地具有绝美的自然景观，岛屿和清澈的海水背靠非洲大裂谷。栖息地类型多样，从岩石海岸线到沙滩，从树木繁茂的山坡到潟湖。标准（ix）：该遗产地是生态进化的突出范例。适应辐射和物种演化对颜色鲜艳的岩石岸慈鲷罗非鱼特别重要，在当地被称为 Mbuna。350 多个 Mbuna 物种中有 5 个是马拉维湖的特有物种。标准（x）：马拉维湖是全球重要的生态保护区，因为其淡水鱼种类多样。该遗产地被认为是一个独特的生物地理省，其大约有 1 000 种鱼类，其中有一半都出现在该遗产地；据估计是世界上鱼类物种最多的湖泊。	Malawi 马拉维

编号	遗产地名称	类型	入选时间/年份	入选标准		国家
112	Gunung Mulu National Park 穆鲁山国家公园	N	2000	(vii) (viii) (ix) (x)	穆鲁山国家公园位于沙捞越州的巴婆罗岛，因其生物多样性和喀斯特地貌而闻名，世界上大多数研究喀斯特地貌的研究都在此进行。这座 52 864 公顷的公园包含 17 个植物园，有维管束植物 3 500 多种。公园的棕榈树种类异常丰富，已知的就有 20 属，109 种。公园位于 2 377 米高的穆鲁山山麓，已开发的山洞至少达 295 千米，洞中景观壮丽，并栖息着上百万只蝙蝠。沙捞越洞穴，长 600 米，宽 415 米，高 80 米，是已知世界上最大的洞穴。 标准（vii）：穆鲁山国家公园有绝佳的自然景观，有显著的原始森林、喀斯特地貌、山脉、瀑布和世界上最大的洞穴。沙捞越洞穴室是世界上最大的洞穴室，长 600 米、宽 415 米、高 80 米。 标准（viii）：该国家公园是地球历史重大变化的突出范例。三个主要的岩石层显而易见，形成于古新世和始新世的穆鲁山页岩和砂岩上升到 2 376 米的穆鲁山之巅：1.5 千米厚的始新世、渐新世、中新世的石灰岩地层，上升到 1 682 米的 Gunung Api。中新世页岩出露底层。 标准（ix）：该遗产地提供了一个去研究记录有 200 多物种的洞穴动物群起源理论的机会，包括许多洞居物种，它展示了正在进行的生态和生物过程的杰出范例。 标准（x）：该遗产地供养了世界上同等大小的最丰富的植物种群之一。从植物学角度讲，其物种丰富，特有性高，是世界上棕榈植物物种最丰富的地区之一和原地保护众多物种的天然栖息地。仅 Deer Cave 就是世界上种群数量最多的无尾蝙蝠群落之一的聚焦地，Chaerephon 柏树超过 300 亿棵。	Malaysia 马来西亚
113	Kinabalu Park 基纳巴卢山公园	N	2000	(ix) (x)	基纳巴卢山公园位于沙巴婆罗洲岛北端，被喜马拉雅山和新几内亚之间的最高的山——基纳巴卢山（4 095 米）所环绕。公园植被丰富，从热带低地、雨林小山到热带高山森林、亚高山森林和生活在更高海拔的灌木，应有尽有。基纳巴卢山公园被誉为东南亚植物多样性展示中心，种类极其丰富，有喜马拉雅山、中国、澳大利亚、马来西亚，以及泛热带的各种植物。	

编号	遗产地名称	类型	入选时间/年份	入选标准		国家
114	Banc d'Arguin National Park 阿尔金岩石礁国家公园	N	1989	(ix) (x)	阿尔金岩石礁国家公园位于大西洋海岸，由沙丘、海岸沼泽、小岛和浅海湾构成。贫瘠的荒漠环境以及沿海地区的多样性，使得陆地与海岸的自然风光形成了强烈对照。种类繁多的候鸟在这里越冬。渔民们用来吸引大量鱼群的几种海龟和海豚在这里也可以找到。 标准（ix）：阿尔金岩石礁国家公园生态系统的营养物质和有机物质丰富，因为这里覆盖着海草，沼泽广袤无垠，被风吹起的泥沙，导致 Cap Blanc 的上涌。 标准（x）：阿尔金岩石礁国家公园是西飞鸟类和古北迁徙涉禽最重要的西太平洋栖息地。广袤的沼泽为 200 多万从北欧、西伯利亚和格陵兰岛来的迁徙候鸟提供了庇护场所。	Mauritania 毛里塔尼亚
115	Sian Ka'an 圣卡安	N	1987	(vii) (x)	圣卡安，古代玛雅人曾在这个地区居住过，在他们的语言里，圣卡安是"天之源"的意思。这一生物保护区位于尤卡坦半岛东岸，内有热带森林、红树林和沼泽地，还有被礁石分割开的海产区。这个自然保护区为大量的动物和植物提供了生活场所，其中包括 300 多种鸟类，以及大量当地特有的陆地脊椎动物，这些动物在这个多样性的环境里共同生活，形成了一个复杂的水文学系统。 标准（vii）：圣卡安的美学和美丽起源于沿海岸保护良好的相对未受干扰的海陆交界面。景观形状、形式和颜色多样，使这里景观迷人，令人印象深刻。 标准（x）：圣卡安的规模和保护以及其生态系统多样性养活了非常多的生物。850 多种维管束植物，包括 120 种木本物种，但仍有许多物种没有被确定。	Mexico 墨西哥
116	Whale Sanctuary of El Vizcaino 埃尔比斯开诺鲸鱼禁渔区	N	1993	(x)	埃尔比斯开诺鲸鱼禁渔区位于加利福尼亚半岛中部地区，那里有许多重要的生态系统。地处奥霍德列夫雷和圣伊格纳西奥的沿海环礁湖，是灰鲸、港湾海豹、加利福尼亚海狮、北方海象以及蓝鲸的重要繁殖地及越冬地。环礁湖还为四种濒临灭亡的海龟提供栖身之地。 标准（x）：埃尔比斯开诺鲸鱼禁渔区包含北太平洋灰鲸的东部亚群的最重要的繁殖地。它保护濒危物种，以及致力于过度商业捕鲸后的恢复。	

编号	遗产地名称	类型	入选时间/年份	入选标准	国家
117	Islands and Protected Areas of the Gulf of California 科特斯海 （The sea of cortez）	N	2005	（vii）（ix）（x） 位于墨西哥东北部的加利福尼亚群岛，包括 244 个岛屿、小岛和海岸区。CORTEZ 海和它的岛屿被称为研究物种形成的加利福尼亚湾群岛及保护区自然实验室。而且，几乎为全部的海洋领域的海洋科学家提供了极其重要的研究场所。由悬崖和沙地海滩构成的给人深刻印象的自然美环境，与绿水环绕和沙漠形成强烈对比。这是 695 个动植物物种的产地，它比世界遗产列表中任何的海生和海岛物产都要多。同样的卓越来自于鱼种的数量：891 种，其中 90 种是地方特有的。不仅如此，这里还包含世界海生哺乳动物总数的 39%和世界上鲸种类的 1/3。 标准（ix）：该遗产地由于是独特的杰出范例，排名比世界上其他海洋和岛屿都要高，在很短的距离，同时有"桥岛"（冰期期间海平面下降阶段的地方）和海洋岛屿（海洋和空气）。 标准（vii）：这一系列的遗产是显著的自然美景，提供了一个戏剧性的背景景观——坚固的岛屿，高高的悬崖，美丽的沙滩，反射着沙漠和碧绿的海水。	Mexico 墨西哥
118	Monarch Butterfly Biosphere Reserve 黑脉金斑蝶	N	2008	（vii） 黑脉金斑蝶生态保护区地处密林丛生的崎岖山区。每当秋季来临，数以百万甚或数以千万计的蝴蝶从北美的广大区域返回该地，聚集在这一森林保护区的小块林地上，它们的数量如此之多，以至于把树木点缀成了橘黄色，树枝都被这些蝴蝶的重量压弯了。春季到来时，这些蝴蝶又开始为期 8 个月的迁徙，飞往加拿大东部然后再返回，在此期间有四代蝴蝶出生和死亡。它们如何找到返回越冬地的道路仍然是一个谜。 标准（vii）：该遗产地的黑脉金斑蝶的越冬密度是该昆虫迁徙现象最显著的表现。每年多达 10 亿的黑脉金斑蝶返回，从远在加拿大的繁殖地到墨西哥中部欧亚梅尔杉内的 14 个越冬聚居地内紧密相连的集群地。	

编号	遗产地名称	类型	入选时间/年份	入选标准	国家
119	El Pinacate and Gran Desierto de Altar Biosphere Reserve 厄尔比那喀提和德阿尔塔大沙漠生物圈保护区	N	2013	（vii）（viii）（x）	厄尔比那喀提和德阿尔塔大沙漠生物圈保护区占地 714 566 公顷，东西部景观形成强烈对比。东部为火山景观，西部为沙漠景观，移动沙丘最高时可达 200 米。强烈对比的景观特色明显，线型沙丘、星形沙丘和球形沙丘以及一些干旱的花岗岩山丘，有些高达 650 米。沙丘就像是从沙子的海洋中出现的岛屿一样，而且这里有独特和多样的植物和野生动物种群，包括特有的淡水鱼和特有的索诺兰叉角羚，而且索诺兰叉角羚仅在索诺拉州西北部和亚利桑那州西南部（美国）有发现。10 个巨大的、幽深的，以及接近完美的远行坑洞被认为是火山的喷发和坍塌共同作用形成的，同样也造就了该遗产地的绝美景观，而这里的景观有极大的特定科学研究价值。该遗产地同样也是联合国教科文组织的生物圈保护区。 标准（vii）：该遗产地的景观是沙漠景观的组合，由火山和沙丘系统共同组成，是该地景观的主要特点。该遗产地的火山盾有一系列的火山现象和地质形成，包括小的盾形火山。 标准（viii）：该遗产地的火山和沙漠景观具有极大的科学价值。包围着火山盾的沙丘海洋被认为是北美最大和最活跃的沙丘系统。 标准（x）：高度多样化的栖息地是一些复杂生物群体的家园，物种多样性丰富横跨许多植物和动物种群。540 多种维管束植物、44 种哺乳动物、200 多种鸟类和 40 多种爬行动物居住在这个看似荒凉的沙漠。昆虫物种也很丰富，尽管还没有被完全记录。	Mexico 墨西哥

编号	遗产地名称	类型	入选时间/年份	入选标准	国家
120	Uvs Nuur Basin 乌布苏盆地	N	2003	（ix）（x）乌布苏盆地面积 1 068 853 公顷，是中亚最北部的封闭性盆地，它得名于乌布苏湖。乌布苏湖是一个巨大的浅咸水湖，它是候鸟、水鸟和海鸟的重要栖息地。该地区由 12 个保护区组成，这些保护区内拥有亚欧大陆东部的主要生物群系。西伯利亚大草原生态系统为各种各样的鸟类提供了栖息地，沙漠地区里生活着许多珍稀动物，如沙鼠、跳鼠和斑纹臭鼬，而山区地带则是一些世界濒危动物的避难所，比如雪豹、高山山羊（盘羊）和亚洲野生山羊。标准（ix）：乌布苏的闭合盐湖系统由于其气候和水文特点而具有国际重要性。因为游牧牧民在几千年内都一直利用该盆地的草地，目前的研究应该能够解释乌布苏（以及盆地内的其他较小湖泊）变为盐湖的速率（和富营养率）。标准（x）：该乌布苏遗产地有一个大范围的生态系统，代表欧亚大陆东部的主要生物群落，有许多特有植物物种。尽管该盆地内上千年来都居住着游牧牧民，发展畜牧业，但是这里的山脉、森林、草原和沙漠是非常多野生动物的重要栖息地，其中这些物种中有很多都是濒危物种。	Mongolia 蒙古 Russian Federation 俄罗斯联邦
121	Durmitor National Park 杜米托尔国家公园	N	1980	（vii）（viii）（x）杜米托尔国家公园美丽绝伦，它由冰川形成，地上河流和地下河流流经该公园。沿欧洲最深峡谷——塔拉河峡谷两侧是浓密的松林，松林中点缀着清澈的湖水，并拥有大面积的特色植物群。	Montenegro 黑山
122	Namib Sand Sea 纳米布沙海	N	2013	（vii）（viii）（ix）（x）纳米布沙海是世界上唯一的沿海沙漠，包括广泛受大雾影响的沙丘地区。面积覆盖区域可达 300 万公顷，缓冲区域面积达 899 500 公顷，由纳米布沙海这个古老的半孤立的沙海由两大沙丘系统组成，一个为古老的半固结沙丘，一个为年轻的活动沙丘，沙丘是从成千上万千米外的内陆而来，由河流、海水和大风携带而来。游客在纳米布沙海可观赏到砾石平原、沿海滩涂、岩石小山、孤山、岛等，滨海潟湖和瞬息的河流使得纳米布沙海极其美丽，成为众人向往之地。在纳米布沙海中，雾是水的主要来源，因而成为地方性无脊椎动物、爬行动物和哺乳动物的天然家园，使得这里成为独一无二的生态小环境。	Namibia 纳米比亚

编号	遗产地名称	类型	入选时间/年份	入选标准	国家
122	Namib Sand Sea 纳米布沙海	N	2013	（vii） （viii） （ix） （x）	标准（vii）：纳米布沙海是世界上唯一的沿海沙漠，包括广泛受大雾影响的沙丘地区。仅此一点就使其在全球范围内都具有独特性，而且由于其三部分的"输送系统"使这里具有绝美的自然景观，非洲内陆的河流侵蚀的"输送系统"、洋流的"输送系统"，风力作用的物质输送系统是广泛沙丘区域形成的原因。 标准（viii）：该遗产地是正在进行的地质过程的特殊范例，包括世界上唯一的大规模通过河流、洋流和风力作用的上千米物质输送形成的沿海沙丘系统。 标准（ix）：该遗产地是沿海大雾沙漠正在进行的生态过程的特殊范例，这里的动物和植物种群能够一直持续适应这里异常干旱的气候。 标准（x）：该遗产地原地保护那些能够适应沙漠异常干旱气候的重要的特有物种，在这个地方，雾是主要的水汽来源。	Namibia 纳米比亚
123	Sagarmatha National Park 萨加玛塔国家公园	N	1979	（vii）	萨加玛塔国家公园，萨加玛塔是一个特别的地区，全区遍布形态各异的山脉、冰河和深谷。主要山脉珠穆朗玛峰，即世界最高峰，海拔 8 848 米。公园里有许多稀有物种，例如雪豹和小熊猫。而舍帕斯部落的独特文化更使这一国家公园增加了魅力。 标准（vii）：萨加玛塔国家公园的最高级和最特殊的自然美景镶嵌在山脉、冰川、幽深的峡谷和雄伟的山峰之中，包括世界上最高的萨加玛塔（珠穆朗玛峰）（8 848 米）。	Nepal 尼泊尔
124	Chitwan National Park 奇特旺皇家国家公园	N	1984	（vii） （ix） （x）	奇特旺皇家国家公园，在喜马拉雅山脚下，奇特旺是德赖地区少数几个未遭到破坏的历史遗迹之一，它曾一直延伸到印度和尼泊尔的山脉丘陵地带。公园里拥有丰富的动植物群，有珍稀的独角亚洲犀牛，也是孟加拉虎的最后避难所。 标准（vii）：茂盛的植被覆盖着这壮丽的景观，喜马拉雅山脉作为它的背景，这一切都赋予这个国家公园独特的天然之美。树木丛生的小山，以及不断变化的河流景观使奇特旺皇家国家公园成为尼泊尔低地最迷人、最具有吸引力的地方之一。 标准（ix）：组成了娑罗双树林和与之有关的种群的最大且最未受干扰的杰出范例，奇特旺皇家国家公园是来自西瓦里克和内德赖平原的生态系统的原生动植物独特组合的生物进化的杰出范例。 标准（x）：冲积平原和河流森林共同为大独角犀牛提供了绝佳的栖息地，同时该遗产地是世界上第二大物种的家园。	

编号	遗产地名称	类型	入选时间/年份	入选标准	国家
125	Te Wahipounamu – South West New Zealand 蒂瓦希普纳穆-新西兰西南部地区	N	1990	(vii) (viii) (ix) (x)	蒂瓦希普纳穆-新西兰西南部地区位于新西兰西南部，其景观在冰川的持续作用下形成，有海滩、石头海岸、悬崖、湖泊和瀑布。公园的 2/3 被南部的山毛榉树和罗汉松覆盖，其中一些树的树龄已超过 800 年。公园里的大鹦鹉是世界上仅有的高山鹦鹉，这里还有一种巨大的不会飞的南秧鸟，也属于稀有的濒危品种。 标准（vii）：蒂瓦希普纳穆-新西兰西南部地区内极致景观使这里在国际上享誉盛名：其最高的山峰、最长的冰川、最茂盛的森林、最荒凉的河流和峡谷、最崎岖的海岸线、最幽深的峡湾和湖泊，以及索兰德岛的死火山的残余。 标准（viii）：蒂瓦希普纳穆-新西兰西南部地区被认为是出现在现代生态系统的冈瓦纳大陆的原始类群的最佳现代范例。 标准（ix）：这里的大部分栖息地没有太大的变化，该遗产地展现了高度的地质多样性和生物多样性。淡水、温带雨林和高山生态系统说明了这里的多样地貌和广泛的气候和海拔梯度。 标准（x）：蒂瓦希普纳穆的栖息地包含了广泛的新西兰特有动物物种，这些特有动物物种反映了其长期的进化隔离和哺乳动物掠食者的缺失。	New Zealand 新西兰
126	New Zealand Sub-Antarctic Islands 新西兰次南极区群岛	N	1998	(ix) (x)	新西兰次南极区群岛包括新西兰南部和东南部海域的五个岛屿（斯内斯群岛、邦提群岛、安提波德斯群岛、奥克兰群岛及坎贝尔岛）。这些岛屿位于南极和亚热带之间的海域，具有丰富的和多种多样的生物，包括野生动植物、特殊的鸟类、植物以及无脊椎动物。这里最值得注意的是有大量的、种类繁多的远洋海鸟和在那里筑巢的企鹅。这里共有 126 种鸟类，包括 40 种海鸟，其中 5 种是世界上其他地方所没有的。 标准（ix）：孤立状态、气候因素和纬度因素共同显著影响了该岛屿的生物群。因此，使我们能够从科学视角了解影响广泛分布的海岛的进化过程，从相对成熟的特有生物，到相对不成熟的生物类群，共同组成了研究遗传变异、物种形成和物种适应性的实验室。 标准（x）：新西兰次南极区群岛以及围绕着和联系着他们的海洋养活了一系列海洋动物、陆地鸟类和无脊椎动物中的特有物种和濒危物种。作为一个群体，他们与其他所有岛屿群体不同，原生植物和鸟类的生物多样性非常高。	

编号	遗产地名称	类型	入选时间/年份	入选标准	国家
127	Air and Ténéré Natural Reserves 阿德尔和泰内雷自然保护区	N	1991	(vii) (ix) (x)	Niger 尼日尔
				阿德尔和泰内雷自然保护区是非洲最大的自然保护区，占地约 770 万公顷，但整个区域只有约占面积 1/6 的地区被认为真正具有保护意义。该地区包括阿德尔火山断层和小萨赫勒地区，该地区虽然位于泰内雷的撒哈拉沙漠，但是那里的气候、动物和植物却与周围地区明显不同。阿德尔和泰内雷自然保护区以拥有各异的环境、多样化的植物和野生动物而著称。	
				标准（vii）：阿德尔组成了 Sahelian 飞地，被 Sahelian 沙漠所包围，从而形成了具有美学价值的山脉和平原景观共同组成的生态遗迹。	
				标准（ix）：阿德尔和泰内雷自然保护区是 Saharo-Sahlien 野生生物最后的堡垒。阿德尔的孤立和微小的人为保护是该地区内无数的野生生物物种从 Saharo 和 Sahlien 其他地区消失的原因。	
				标准（x）：该遗产地包含世界自然保护联盟《濒危物种红色目录》上列出的三种羚羊物种生存的重要天然栖息地：多克斯羚羊（羚羊多加多加）、Leptocere 瞪羚（细角瞪羚）和 Addax（screwhorn 曲角羚羊）（Addax nasomaculatus）。	
128	W National Park of Niger 尼日尔境内的"W"国家公园	N	1996	(ix) (x)	
				尼日尔境内的"W"国家公园位于热带稀树草原生态系统与森林生态系统的交界处，是西非森林与热带稀树草原地区生态系统的典型例子。该国家公园展示了新石器时代以来自然资源和人类的互动，以及该地区生物多样性的进化历史。	
				标准（ix）："W"国家公园中重要的水文资源，养活了在这里生活和持续进化的鸟类种群。公园的景观非常多样化，包括水生生态系统（大河流、小河流、池塘）和陆地生态系统，既有草地，也有灌木丛和森林。	
				标准（x）：该遗产地生物多样性十分丰富，有 350 个鸟类物种、114 个鱼类物种（尼日尔河动物种群的代表）、数种爬行动物和哺乳动物物种，以及 500 个植物物种。在这些哺乳动物物种中，该遗产地包括濒危物种，例如非洲野狗（森林狼红腹锦鸡）、猎豹、大象（非洲象）、海牛（西非海牛）和赤额瞪羚。	

编号	遗产地名称	类型	入选时间/年份	入选标准	国家
129	West Norwegian Fjords -Geirangerfjord and Nærøyfjord 挪威西峡湾-盖朗厄尔峡湾和纳柔依峡湾	N	2005	（vii）（viii）	Norway 挪威
130	Darien National Park 达连国家公园	N	1981	（vii）（ix）（x）	Panama 巴拿马

编号129内容：

挪威西峡湾-盖朗厄尔峡湾和纳柔依峡湾位于挪威西南部，卑尔根的东北部，相互间隔距离120千米，是挪威西部峡湾自南部的斯塔万格市往东北方向绵延500千米至安道尔森尼斯风景的一部分。这两个世界上最狭长的峡湾拥有原始秀美的海湾景观，是风景最为秀丽的地区之一。挪威海上，耸立着1 400米高的狭窄而陡峭的水晶岩壁，在海面以下绵延500米，造就了此处独特的自然美景。峡湾中，悬崖峭壁上是数不清的瀑布，自由欢畅的河水穿越落叶和松叶林流入冰湖、冰河和崎岖的山地。一系列的陆地和海洋景观，如海底冰碛和海洋哺乳动物，共同构成了这里突出的景致。

标准（vii）：挪威西峡湾是典型的、高度开发的峡湾，被认为是世界上峡湾景观的典型地点。其规模和质量是世界遗产名录上的其他遗产地所无可比拟的，因其气候和地质背景而显著。

标准（viii）：纳柔依峡湾和盖朗厄尔峡湾地区被认为是地球上风景最优美的峡湾。其突出的自然美景源于其狭窄、陡峭的结晶岩墙，该岩墙高达1 400米，从挪威海延伸到海平面下500米。

编号130内容：

达连国家公园成为连接新世界两个大洲间的桥梁，这里拥有非常丰富的地理环境，如沙滩、岩石海岸、红树林、沼泽和洼地以及山地热带丛林，其间生长着奇异的野生动植物。公园里还有两个印第安部落。

标准（vii）：该遗产地的大面积景观几乎未受干扰。而且具有惊人的景观多样性。从太平洋海岸到达连省的最高峰，达连国家公园是所有中美洲地区景观多样性最丰富的地区之一。

标准（ix）：从生物地理角度来说，处于连接南美和中美的年轻大陆桥的最南端这样的地理位置是非常罕见的。

编号	遗产地名称	类型	入选时间/年份	入选标准	国家
131	Coiba National Park and its Special Zone of Marine Protection 柯义巴岛国家公园	N	2005	（ix）（x）柯义巴岛国家公园远离巴拿马西南海岸，保护着柯义巴岛、38 个小岛和奇里基湾内四周的海域。柯义巴岛的太平洋热带雨林没有受到冷风和厄尔尼诺影响，由于新物种的持续进化，它包含了地方性水平极高的哺乳动物、鸟类和植物。这还是像冠鹰一样的许多濒危动物的最后庇护所。这里是科学家进行研究的重要的自然实验室，并为远洋鱼和海洋哺乳动物的转移和生存提供了炎热的东部太平洋关键生态链。标准（ix）：尽管在进化过程中，奇里基海湾的岛屿存在短时间的隔离，但是新物种正在形成，从对许多生物种群（哺乳动物、鸟类、植物）的特有性报告水平就可以明显看出来，使这里成为一个进行科学研究的显著的天然实验室。标准（x）：柯义巴岛有许多种类多样的地方特有鸟类、哺乳动物和植物。柯义巴岛也是许多濒危物种的避难所，这些濒危物种很多都从巴拿马的其他地方消失了，例如凤头鹰和猩红色的金刚鹦鹉。	Panama 巴拿马
132	Huascarán National Park 瓦斯卡兰国家公园	N	1985	（vii）（viii）瓦斯卡兰国家公园，海拔 6 768 米的瓦斯卡兰山地处布兰卡山脉世界上最高的热带山脉之中。在那里，湍急的河流和冰河造成的幽谷以及种类繁多的植被使得这个地方异常美丽，并且成为眼镜熊和安第斯秃鹫的家园。	Peru 秘鲁
133	Manú National Park 玛努国家公园	N	1987	（ix）（x）玛努国家公园的面积有 150 万公顷，从海拔 150～4 200 米各层分布着不同种类的植物。在低层的热带丛林中，生活着丰富的动物和植物。此处已发现约 850 种鸟类以及罕见的巨型水獭和庞大的犰狳等动物。美洲虎也经常出没在这个公园里。	
134	Tubbataha Reefs Natural Park 菲律宾图巴塔哈群礁自然公园	N	1993	（vii）（ix）（x）菲律宾图巴塔哈群礁自然公园占地 130 028 公顷，包括北部和南部的珊瑚礁。这里是环礁的独特例子，这里有高密度的海洋物种。北礁是鸟类和海龟的栖息地。该地是原始珊瑚礁的绝佳例子，这里有壮观的高达 100 米的礁墙、广泛的潟湖和两个珊瑚岛。	Philippines 菲律宾

编号	遗产地名称	类型	入选时间/年份	入选标准	国家
134	Tubbataha Reefs Natural Park 菲律宾图巴塔哈群礁自然公园	N	1993	(vii) (ix) (x)	标准（vii）：图巴塔哈群礁自然公园是原始珊瑚礁和海洋生物多样性丰富的杰出范例。这里有大面积的水平礁坪和垂直高度达100 m的礁墙，也有大面积的深海区域。该遗产地地处偏远地区，没有受到干扰，大型海洋动物如老虎鲨鱼、鲸鱼和海龟出没于此，这里也有远洋鱼类，例如梭鱼和鲹，为该遗产地的美学特点增光添彩。标准（ix）：图巴塔哈群礁自然公园位于苏禄海中部一个独特的位置，是菲律宾最古老的生态系统之一。它在整个苏禄海海洋系统的海洋生物的繁殖、扩张和定植过程中扮演着很重要的角色，有助于支撑其边界外的渔业。标准（x）：图巴塔哈群礁自然公园是国际受威胁和濒危海洋物种的重要栖息地。该遗产地位于珊瑚三角区内，珊瑚多样性的全球焦点。该遗产地有374种珊瑚礁，其中将近90%都在菲律宾。	Philippines 菲律宾
135	Puerto——Princesa Subterranean River National Park 普林塞萨港地下河国家公园	N	1999	(vii) (x)	普林塞萨港地下河国家公园以雄伟的石灰石喀斯特地貌和那里的地下河流而举世闻名。这些河流的特点之一是它们直接流入大海，所以河流下游受潮汐影响。这个地方还是生物多样性保护区。该公园包括整个"山—海"生态系统以及亚洲一些非常重要的森林。标准（vii）：普林塞萨港地下河国家公园的特点是其壮观的石灰岩或岩溶景观。它包含一个直接流向大海的地下河流景观。河流的下半部分是咸水和海潮。与之相关的潮汐影响着河流，使其成为一个重要的自然现象。标准（x）：该遗产地有全球重要的生物多样性保护栖息地。它包括一个完整的山脉-海洋生态系统，保护着巴拉望生物地理省境内最重要的森林。这里有八种森林形态：在超镁铁质土壤上生长的森林，在石灰土上生长的森林，在山地上生长的森林，在淡水沼泽地上生长的森林，在常绿低地生长的热带雨林，河流森林，海滩森林和红树林。	

编号	遗产地名称	类型	入选时间/年份	入选标准	国家
136	Laurisilva of Madeira 马德拉月桂树公园	N	1999	（ix）（x）	马德拉月桂树公园是早期广泛分布的月桂树森林的遗留地，它是现存面积最大的月桂树森林，而且其中90%是原始森林。这里生活着很多特殊的动植物，包括许多地方性的物种，如马德拉长趾鸽。 标准（ix）：马德拉月桂树公园是之前广泛分布的月桂树森林的重要遗迹，在15亿～40亿年前分布在南欧的许多地方。该遗产地的森林完全覆盖着一系列非常陡峭的、V形的河谷，从岛中心的平原和东-西山脊到北部海岸。 标准（x）：马德拉月桂树公园因其生物多样性丰富而成为一个很重要的地方。这里的植物和动物中有很多都是独特的常绿阔叶林。它比其他月桂树森林地区面积更大，也与其他月桂树森林地区有差异。特有树属于樟科。	Portugal 葡萄牙
137	Danube Delta 多瑙河三角洲	N	1991	（vii）（x）	多瑙河三角洲，多瑙河奔流直下，汇入黑海，形成了欧洲面积最大、保存最完好的三角洲。多瑙河三角洲不计其数的湖泊和沼泽哺育着300多种鸟类和45种多瑙河及其支流中特有的鱼类。	Romania 罗马尼亚
138	Virgin Komi Forests 科米原始森林	N	1995	（vii）（ix）	科米原始森林位于乌拉尔地区和乌拉尔山脉的冻土地带，占地328万公顷，是欧洲北部现存面积最大的一片原始森林。这一广袤区域范围内的针叶树、白杨、白桦、泥炭沼、河流以及天然湖泊已经被监控和研究了50多年，为研究针叶树林地带的自然发展对生物多样性的影响提供了宝贵的资料。	Russian Federation 俄罗斯联邦
139	Lake Baikal 贝加尔湖	N	1996	（vii）（viii）（ix）（x）	贝加尔湖坐落在俄罗斯联邦境内西伯利亚东南部的贝加尔湖，占地315万公顷，是世界历史最悠久（2 500万年）且最深的（1 700米）湖泊。它拥有地表不冻淡水资源的20%。以"俄国的加拉帕戈斯"而闻名于世的贝加尔湖，因其悠久的年代和人迹罕见，使它成为拥有世界上种类最多和最稀有的淡水动物群的地区之一，而这一动物群对于进化科学具有不可估量的价值。委员会根据标准（vii）、（viii）、（ix）和（x）认为贝加尔湖是最重要的淡水生态系统范例。它是世界上最古老和最深的湖泊，包括将近20%的世界融化淡水储备。该湖泊包括种类丰富的特有植物和动物种群，对于进化科学的研究具有重要价值。同时，它也被保护区所包围，具有较高的科学价值和其他自然价值。	Russian Federation 俄罗斯联邦

编号	遗产地名称	类型	入选时间/年份	入选标准	国家
140	Volcanoes of Kamchatka 勘察加火山	N	1996	(vii)(viii)(ix)(x)	勘察加火山是世界上最著名的火山区之一，它拥有高密度的活火山，而且类型和特征各不相同。指定考察的6个景点集中了勘察加半岛大多数的火山奇异景观。活火山与冰河相互作用造就了这里的生机和美景。景区内物种丰富，除世界现存的最大鲑鱼群外，还集中了罕见的海獭、棕熊和鱼鹰。 标准（viii）：勘察加火山自然公园作为该遗产地的第六个组成部分被进一步加入到勘察加的范围。该添加部分使其符合标准（viii），因为其是地质过程和地貌的杰出范例。而且对于作为扩展区使其符合标准（viii）是很重要的。 标准（ix）：该扩展地的生物学特征与六个岛屿相似，其位于大陆和太平洋之间的地理位置赋予了其独特的特点。 标准（vii）：勘察加火山是独特的自然景观，这里有不对称的火山、湖泊、野生河流和壮观的海岸线。它也包括鲑鱼产卵区和沿白令海海岸带野生生物区的绝美自然现象。 标准（x）：勘察加火山有多种多样的古北区的植物（包含一些本国濒危物种和至少16个特有物种）和鸟类物种，例如恒星海雕（数量占世界总量的一半）、白尾鹰、矛隼和游隼，产卵的鲑鱼能够吸引这些鸟类。火山区的河流和毗邻的遗产地生物多样性极其丰富。	Russian Federation 俄罗斯联邦
141	Golden Mountains of Altai 金山-阿尔泰山	N	1998	(x)	金山-阿尔泰山位于西伯利亚南部，是西西伯利亚地理生态区的主要山脉，也是世界上最长的河流之一鄂毕湾的源头。总占地面积为1 611 457公顷，列入《世界遗产名录》的有三个区域：阿尔泰司基扎波伏德尼克及俄勒茨克叶湖缓冲地带、卡顿司基扎波伏德尼克及贝露克哈姆缓冲地带、吴郭高原上的吴郭静养区。该地区向世人展示了中西伯利亚植被完整垂直分布带。其中包括无树大草原、森林-草原交错带、混交林、次高山植被、高山苔原等。它还是雪豹等濒危物种重要的栖息地。 标准（x）：阿尔泰地区是亚洲北部山地动植物物种生物多样性丰富的重要和原始中心，其中很多物种都是罕见物种和特有物种。	

编号	遗产地名称	类型	入选时间/年份	入选标准		国家
142	Western Caucasus 西高加索山	N	1999	（ix）（x）	西高加索山在高加索山脉的最西端，位于黑海东北 50 千米处，占地 275 000 多公顷，是欧洲尚未受到人类重大干扰的少有的几座大山之一。其亚高山带的高山草原牧草只有野生动物食用。而从山下一直延伸到亚高山地带未遭破坏的广阔山林，在欧洲也是罕见的。该地区拥有大量本地植物和野生动物，显示了其生态系统的多样性。这里也是山区亚种欧洲野牛的起源地和重新引进之地。西高加索山脉地质、生物和物种多样性尤其丰富。作为植物多样性的中心，其具有全球重要性。随着 Virgin Komi 世界遗产的申遗成功，它是欧洲唯一的没有受到重大人为影响的大山区，在欧洲的广大的土地上，有大面积未受干扰的山林。	
143	Central Sikhote-Alin 中斯霍特-阿兰山脉	N	2001	（x）	中斯霍特-阿兰山脉有世界上土地最肥沃、气温尤其宜人的森林。在这样一个针叶树林地带与亚热带混合的地区，老虎、喜马拉雅熊等南方物种与棕熊、山猫等北方物种得以共同栖息。该遗址由锡霍特-阿林高峰延伸至日本海（东海），对于阿穆尔虎等濒危生物的存活至关重要。标准（x）：该提名地区是世界最独特的自然区域之一。该地区的冰川历史、气候和地形共同促使了世界上最丰富和最不寻常的温带森林的发展。	Russian Federation 俄罗斯联邦
144	Natural System of Wrangel Island Reserve 弗兰格尔岛自然保护区	N	2004	（ix）（x）	弗兰格尔岛自然保护区位于北极圈内，包括弗兰格尔岛（7 608 平方千米）、赫洛德岛（11 平方千米）的山地及其附近水域。该区在第四纪冰河时期没有受到冰河的作用，所以有丰富的生物多样性。这里有世界上最大的太平洋海象群，最高密度的古代北极熊牙齿，是从墨西哥海湾迁徙来的灰鲸的主要觅食地和 100 种候鸟的最北端筑巢地。在这些鸟类中，许多已经处于濒危状态。目前，已经确认岛上有 417 种维管束植物，是北极圈内其他岛上植物种类的两倍，多于其他任何一个北极的岛屿。有些物种源于广泛分布的大陆性植物，另外一些是近年来植物杂交的产物，23 种为地方特有。	

编号	遗产地名称	类型	入选时间/年份	入选标准		国家
144	Natural System of Wrangel Island Reserve 弗兰格尔岛自然保护区	N	2004	（ix）（x）	标准（ix）：弗兰格尔岛自然保护区是自身包含岛屿的生态系统，而且又有充分的证据证明在长期的进化过程中，没有受到第四纪冰期的影响。丰富的特有植物物种、苔原的进化过程、相对新的猛犸象象牙和在较小的地理空间内形成的地形类型都是弗兰格尔岛自然历史丰富和在北冰洋进化地位独特的有力证据。标准（x）：弗兰格尔保护区在北极高纬度区具有极高水平的生物多样性。该岛屿是亚洲唯一的雪鹅种群的繁殖地，使其种群数量从少到多慢慢增长。	
145	Putorana Plateau 普托拉纳高原	N	2010	（vii）（ix）	该遗产与 Putoransky 国家自然保护区一致，位于俄罗斯中西伯利亚高原的中心，它坐落于北极圈以北 100 km 左右。普托拉纳高原提名世界自然遗产是因为它在被深谷断开的山地中拥有一套完整的亚北极和北极生态系统，包括原始针叶林、森林苔原、苔原和北极沙漠系统，以及未被人类触及的冷水湖泊和河流系统。一种重要的驯鹿在迁徙时也要穿过这个高原，代表一个独特的、大规模的、越来越罕见的自然现象。标准（vii）：自然景观美丽，面积广阔，景观多样。普托拉纳高原是原生态的，没有受到干扰人为影响。其绝妙的自然特性包括被幽深的峡谷"解剖"的玄武岩地貌，无数的冰冷的河流和带有瀑布的小溪，25 000 多条与其多样的地形有关的峡湾状的湖泊。巨大的背景和北半球景观保存完好，成片的地衣和森林在这样的北纬地区是不常见的。标准（ix）：该遗产地有完整的、与其多样的北极和亚北极生态系统相关的生态和生物过程。其生物地理位置处在苔原和针叶林生物群落的边缘，处在西西伯利亚和东西伯利亚植物区系之间的过渡地带，使该遗产地成为北极地区少数植物物种丰富的中心地区之一。	Russian Federation 俄罗斯联邦

编号	遗产地名称	类型	入选时间/年份		入选标准	国家
146	Lena Pillars Nature Park 勒那河柱状岩自然公园	N	2012	（viii）	勒那河柱状岩自然公园以其所拥有的壮观岩柱而著称，高度可达 100 米，位于萨哈共和国（雅库特）中部的勒那河畔。它们是该地区的极端大陆性气候的产物，这里的年度温差可达近 100℃（冬天–60℃，夏季+40℃）。把这些柱状岩相互隔离开来的深邃陡峭的冲沟，是岩柱的连接部分受到霜冻粉碎的作用而形成的。地表水的渗透则促进了低温过程（冻融作用），并造成岩柱之间冲沟的进一步扩大和石柱之间的隔离。河流的作用也是影响到石柱形成的重要因素。此外，该遗产还包含了大量寒武纪生物化石遗迹，其中有一些是这里独有的。 标准（viii）：勒那河柱状岩自然公园有两个与地球科学相关的具有国际意义的特点。该地区由于低温形成的柱状岩是已知的最显著的柱状岩景观，而寒武纪岩石是这里具有国际价值和重要性的第二个特点。	Russian Federation 俄罗斯联邦
147	Pitons Management Area 皮通山保护区	N	2004	（vii）（viii）	皮通山保护区紧邻苏弗里耶尔镇，面积为 2 909 公顷。保护区内有皮通山，两处最高的火山分别高达 770 米和 743 米。延绵的山峰和山脊连接，一直延伸到海面。火山群中包含一个地热带，那里温泉密布，硫黄色的烟雾缭绕。珊瑚暗礁覆盖了几乎 60% 的海面。一项调查研究显示，这里有 168 种长须鲸，包括珊瑚在内的 60 种刺胞动物、8 种软体动物、14 种海绵、11 种棘皮类动物、15 种节肢动物和八环节动物蠕虫。玳瑁乌龟在近海岸出没，海面上还能看见鲸鲨和领航鲸的身影。主要的陆地植物为潮湿热带林和亚热带雨林，在山顶还有一小部分干燥林和高山矮曲林。据记载，大皮通山至少有 148 种植物，小皮通山和中间的山脊至少有 97 种植物，其中有 8 种珍稀树种。皮通山还有约 27 种鸟类（其中 5 种为当地鸟类）、3 种当地啮齿动物、1 种负鼠、3 种蝙蝠、8 种爬虫动物和 3 种两栖动物的栖息地。 标准（vii）：皮通山保护区的火山系统中包含大部分的已坍塌成层火山，被地质学家称为苏弗里耶尔火山中心。其火山景观的两种圆顶形熔岩的侵蚀残余物格罗斯冰锥和佩蒂特峰是其主导景观。 标准（viii）：皮通山保护区源于皮通山两个相邻的森林覆盖的圆顶形火山熔岩的视觉特点和美学特点，该圆顶形火山熔岩突然从海上升起，高达 700 米。皮通山是圣卢西恩的前主导景观，从岛屿的每一部分都可以看到该景观，为海员提供了一个显著的界标。	Saint Lucia 圣卢西亚

编号	遗产地名称	类型	入选时间/年份	入选标准		国家
148	Niokolo-Koba National Park 尼奥科罗-科巴国家公园	N	1981	(x)	尼奥科罗-科巴国家公园位于赞比亚河沿岸一个多水地区。这里的长廊林和稀树大草原里生活着种类繁多的野生动物，其中有世界上最大的羚羊德比大羚羊，有黑猩猩、狮子、豹以及不计其数的大象，另外还有大量的鸟类、爬行动物和两栖动物在这里繁衍生息。 标准（x）：尼奥科罗-科巴国家公园包含所有苏丹生物气候区的独特生态系统，例如主要水道（冈比亚、Sereko、尼奥科洛、库隆图河）、长廊林、稀树草原、草本植物、冲积平原、池塘、干燥森林——密集或空地——岩石斜坡、丘陵和贫瘠的Bowés。	Senegal 塞内加尔
149	Djoudj National Bird Sanctuary 朱贾国家鸟类保护区	N	1981	(vii) (x)	朱贾国家鸟类保护区是一块占地面积约为16 000公顷的湿地，位于塞内加尔河三角洲地区。保护区内有一大型湖泊，湖泊四周分布着大大小小的溪流、池塘和水潭。这里生态环境很不稳定，但充满着生机。保护区里栖息着150多万种鸟类，有白鹈鹕、紫苍鹭、非洲篦鹭、大白鹭、鸬鹚等	Senegal 塞内加尔
150	Aldabra Atoll 阿尔达布拉环礁	N	1982	(vii) (ix) (x)	阿尔达布拉环礁由4个大的珊瑚岛组成，岛群内怀抱一浅浅的礁湖，同时岛群本身又被一珊瑚礁所包围。因其地理上与外界隔绝，常人难以到达，阿尔达布拉未受到人类的破坏，成为约15.2万只巨型龟的栖息地，也是世界上此类爬行动物最为密集的地方。 标准（vii）：阿尔达布拉环礁由四个主要的被狭窄的通道分离的石灰岩珊瑚岛组成，群岛内怀抱着一个浅浅的广阔礁湖，提供了一个绝妙的自然现象。该礁湖包含许多小岛屿，整个环礁被外岸珊瑚礁所包围。地貌过程使这里地形崎岖，为岛屿上的生物提供了多种多样的生境，且使这里物种特有性水平极高。海洋生物栖息地从珊瑚礁到海草床和红树林泥滩，都仅受到最小的人为影响。 标准（ix）：该遗产地是海洋生物活性丰富的海洋岛屿生态系统进化过程的杰出范例。大部分的陆地表面由古珊瑚礁（125 000年）组成，无数次从海平面上升起。环礁的隔离确保了特有植物和动物种群的进化过程。由于人为影响很小，这些生态过程能够被清晰地观察到。 标准（x）：阿尔达布拉环礁是进行科学研究和科学发现的重要天然实验室。该环礁成为400多特有物种和亚种（包括脊椎动物、无脊椎动物和植物）的避难所，包括种群数量达到100 000只以上的阿尔达布拉巨型海龟。	Seychelles 塞舌尔

编号	遗产地名称	类型	入选时间/年份	入选标准		国家
151	Vallée de Mai Nature Reserve 马埃谷地自然保护区	N	1983	（vii）（viii）（ix）（x）	马埃谷地自然保护区位于普拉兰岛的中心地带，有着几乎保持在其原始状态下的天然海椰子林。著名的海椰子是植物王国里最大的种子，曾经被认为是长在深海里的一种棕榈树的果实。	Seychelles 塞舌尔
152	Škocjan Caves 斯科契扬溶洞	N	1986	（vii）（viii）	斯科契扬溶洞，特殊的石灰石溶洞系统包括坍塌的落水洞，有深达200多米约6千米长的地下通道，还有很多的瀑布。斯科契扬溶洞位于克拉斯地区（原文意为喀斯特），这里是世界上研究喀斯特现象的著名地点之一。	Slovenia 斯洛文尼亚
153	East Rennell 东伦内尔岛	N	1988	（ix）	东伦内尔岛位于西太平洋所罗门群岛的最南端，它是伦内尔岛南面的第三个岛屿。伦内尔岛长86千米，宽15千米，是世界上最大的上升珊瑚环礁。该区域占地约37 000公顷，还有3海里的海域面积。这个岛最主要的特色就是特加诺湖，它以前是环状珊瑚岛的潟湖。这个面积为15 500公顷的太平洋岛屿中的最大湖泊，是一个咸水湖，包括许多崎岖不平的石灰石岛屿以及当地的特有物种。伦内尔岛大部分被茂密的森林所覆盖，这些森林的平均高度为20米。加之这里时常发生飓风，故成为一处真正的科学研究的天然实验室。这个岛屿遵循习惯的岛屿所有制和管理。标准（ix）：东伦内尔岛阐释了重要的正在进行的生态和生物过程，而且是岛屿生物地质科学研究的重要场所。该遗产地是西太平洋物种迁移和进化过程以及物种形成过程，尤其是鸟类形成过程中的重要的踏板。	Solomon Islands 所罗门群岛
154	iSimangaliso Wetland Park 大圣卢西亚湿地公园	N	1999	（vii）（ix）（x）	大圣卢西亚湿地公园，持续的河流、海洋和风的侵蚀作用使得该地呈现多样地貌，包括珊瑚礁、漫长的沙滩、海岸沙丘、湖泊、沼泽、大片的芦苇丛和纸草沼泽。公园内环境的异质性、洪水和海洋风暴以及热带和亚热带的非洲地理状况的相互作用，使这里拥有异常多的物种，并有新的物种在不断形成。多样的地貌和生境种类使这里景色不凡。该公园为非洲海洋、沼泽地到大草原的各种物种提供了栖息地。	South Africa 南非

编号	遗产地名称	类型	入选时间/年份	入选标准	国家
154	iSimangaliso Wetland Park 大圣卢西亚湿地公园	N	1999	（vii）（ix）（x）	标准（vii）：大圣卢西亚湿地公园有多样的沿 220 千米海岸的绝妙远景风景。从印度洋的清澈水流、宽广的未充分发育的沙滩、圆顶形的深林和湿地、草原、森林、湖泊以及热带稀树草原，该公园包含特殊的美学特质。标准（ix）：在大圣卢西亚，发源于更新世早期的河流、海洋和风沙过程使这里地形多样，并且持续影响着如今这里的景观。公园处于亚热带和非洲热带及沿海环境的过渡地带，这样的地理位置使其具有独特的物种多样性。曾经在 Maputaland 特有物种中心的物种也是大圣卢西亚正在进行的进化过程的组成部分。标准（x）：在大圣卢西亚发现了五个相互联系的生态系统，为许多南非生物种群提供栖息地，包括大量的濒危物种和特有物种。	South Africa 南非
155	Cape Floral Region Protected Areas 开普植物群保护区	N	2004	（ix）（x）	开普植物群是南非开普省的一处系列遗址，由 8 个保护区组成，占地 553 000 公顷，是世界上植物最茂密的地方之一。这个不到非洲面积 0.5%的地方却是全非洲将近 20%的植物种植区。展现了弗洛勒尔角地区与高山硬叶灌木有关的生态和生物进化进程。其突出的植被多样性、密度和地方特殊性在全世界范围内都是独一无二的。植物独特的自我再生复制功能、适应火险、由昆虫来传播种子，以及当地植物种类和适应性放射，这些都具有独特的科学价值。标准（ix）：该遗产地被认为是代表与独特的凡波斯生物群落有关的正在进行的生态和生物过程中具有独特价值的地方。这些过程通常是开普植物区的代表，分布在八个保护区内。标准（x）：开普植物群保护区是世界上相同大小的植物群保护区中最丰富的一个。它的面积不到南非面积的 0.5%,但却是将近 20%植物种群的家园。	

编号	遗产地名称	类型	入选时间/年份	入选标准		国家
156	Vredefort Dome 弗里德堡陨石坑	N	2005	（viii）	弗里德堡陨石坑距离约翰内斯堡西南方约 120 千米，是陨石撞击结构或陨石坑的具有代表性的景观，可以追溯到 20.23 亿年前，是迄今为止地球上发现的最古老的陨石坑，其半径为 190 千米，也是面积最大、撞击程度最深的陨石坑。弗里德堡陨石坑证明了已知的世界上最大的能量释放事件，这次事件导致毁灭性的全球变化，一些科学家认为它还包括主要的进化演变。它提供了地球地质史的重要证据，对了解地球进化至关重要。尽管地球表面的地质活动对地球的历史意义重大，但是也导致受撞击最严重的遗址证据的消失。弗里德堡陨石坑是地球上仅存的一处提供关于火口原以下的陨石坑的完整地质概况的遗址。标准（viii）：弗里德堡陨石坑是最古老、最大的，也是世界上侵蚀最严重的、复杂的陨石坑。它是世界上最大的单一的，被称为能量释放的事件。它包含高质量的和可游览的地质遗迹，该遗产地展现了一系列复杂的陨石碰撞影响的地质证据。	South Africa 南非
157	Garajonay National Park 加拉霍艾国家公园	N	1986	（vii）（ix）	加拉霍艾国家公园位于加那利群岛的拉戈梅岛中心，该国家公园中 70%的面积覆盖着月桂树森林。在加拉霍艾国家公园中，泉水和数不清的溪流使当地的植物得以茂密成长，公园中的植被与第三纪时期的植物生长情况颇为相似，但由于剧烈的气候变化，这种分布在南欧的植被已经基本消失了。	Spain 西班牙
158	Doñana National Park 多南那国家公园	N	1994	（vii）（ix）（x）	安达卢西亚的多南那国家公园位于瓜达尔基维尔河汇入大西洋入海口的右岸。该国家公园以生态系统的多样性而著称，这里有环礁湖、沼泽地、固定和移动的沙丘、丛林地和灌木地带。这里还生活着 5 种濒危鸟类，同时，此地还是地中海最大的鸟类蛋孵化地之一，每年都有超过 50 万只水禽在这里栖息越冬。	

编号	遗产地名称	类型	入选时间/年份	入选标准		国家
159	Teide National Park 泰德国家公园	N	2007	(vii) (viii)	泰德国家公园位于特内里费岛，占地18 990公顷，以泰德成层火山为特征。其海拔3 718米，是西班牙的最高峰。离大洋洋底7 500米，泰德自然公园被认为是世界第三高火山建筑物，周围景色壮观。由于气候条件使景观的特征和色调不断发生变化，以及云海对山的绝妙衬托，使得该遗址的视觉效果更为震撼。泰德火山公园具有全球重要意义，它见证了海岛演变的地质过程，并且是已列入《世界遗产名录》的火山遗产（如美国的夏威夷火山公园）的重要补充。 标准（vii）：泰德山是以锯齿状Las Cañadas悬崖为主要特征的惊人的火山景观。中央火山使特纳利夫岛成为世界第三高的火山。 标准（viii）：泰德国家公园是相对老的、缓慢发展的地质复杂的成熟火山系统的杰出案例。它因为提供了各种证据证明海洋岛屿进化的地质过程而具有全球重要意义，并且是已列入《世界遗产名录》的火山遗产（如美国的夏威夷火山公园）的重要补充。	Spain 西班牙
160	Sinharaja Forest Reserve 辛哈拉加森林保护区	N	1988	(ix) (x)	辛哈拉加森林保护区位于斯里兰卡西南部，是斯里兰卡唯一存活的一片原始热带雨林。这里60%以上的树木都是当地特有树种，其中许多属于珍稀树种。保护区里还生存着很多当地特有的野生动物，并以鸟类居多。保护区还是斯里兰卡50%以上的哺乳动物和蝴蝶生存的家园，也是种类繁多的各种昆虫、爬行动物和珍稀两栖动物繁衍生息的地方。	Sri Lanka 斯里兰卡
161	Central Highlands of Sri Lanka 斯里兰卡高地	N	2010	(ix) (x)	斯里兰卡高地坐落在斯岛中南部。遗址由维尔德尔内斯峰保护区（Peak Wilderness Protected Area）、霍尔顿平原国家公园（Horton Plains National Park）和那科勒斯保护林地（Knuckles Conservation Forest）组成。这些山地林生长的地区海拔高达2 500米，拥有十分丰富的动植物资源，包括西部紫脸叶猴（western-purple-faced langur）、灰瘠懒猴（Horton Plains slender loris）和斯里兰卡豹（Sri Lankan leopard）等濒危物种。该地区被认为是生物多样性的超级热点。 标准（ix）：该遗产地包括面积最大的和现存受人为干扰最小的斯里兰卡山麓热带雨林和山地热带雨林，是重要的全球优先保护区。该遗产地的组成部分横穿锡兰雨林和锡兰季风雨林。 标准（x）：在该遗产的三个系列组成部分，其季风雨林仅包含唯一的濒危植物和动物物种栖息地，因此是重要的原地保护区。	Sri Lanka 斯里兰卡

编号	遗产地名称	类型	入选时间/年份	入选标准		国家
162	Central Suriname Nature Reserve 苏里南中心自然保护区	N	2000	(ix) (x)	苏里南中心自然保护区占地面积为160万公顷，这里生长着苏里南中西部地区所特有的原始热带雨林，对科珀纳默上游和很多河流、吕西河、奥斯特河、泽伊德河、萨拉马卡河和格兰里奥河的源头都起着重要的保护作用，保护区里存在着多种原始地形和生态系统，具有十分显著的保护价值。苏里南中心自然保护区山地森林和低地森林里植物种类繁多，目前发现的维管植物种类已经超过 5 000 种。保护区里还生存有许多当地特有的动物，其中有美洲虎、巨犰狳、大河水獭、貘、树懒和 8 种灵长类动物，这里还栖息着 400 多种鸟类，有哈痞鹰、圭亚那动冠散鸟以及深红色金刚鹦鹉等。 标准（ix）和（x）：该遗产地重要的垂直地势、地形和土壤情况使其具有丰富的生态系统。这一生态系统的变化使生态系统内的生物能够应对干扰，适应种群的变化和维持基因流动。	Suriname 苏里南
163	Swiss Alps Jungfrau-Aletsch 少女峰-阿雷奇冰河-毕奇霍恩峰	N	2001	(vii) (viii) (ix)	少女峰–阿雷奇冰河–毕奇霍恩峰从东部扩展到西部，面积从 53 900 公顷扩展到 82 400 公顷。该遗址为阿尔卑斯高山——山脉受冰河作用最深的部分，同时也是欧亚大陆山脉中最大的冰川——的形成提供了一个杰出的实例。它以生态系统多样性为特点，包括特别受气候变化冰川融化而形成的演替阶段。该遗址因景色秀美，而且包含山脉和冰川形成以及正在发生的气候变化方面的丰富知识而具有突出的全球价值。在它尤其通过植物演替所阐释的生态和生物过程方面，该遗址的价值无法衡量。其令人难忘的景观在欧洲艺术、文化、登山和阿尔卑斯山旅游中起着重要作用。 标准（vii）：该遗产地内令人印象深刻的景观对于欧洲艺术、文学、登山运动、高山旅游业非常重要。该区域被认为是最壮观的山脉景观之一，其美学特点吸引了世界各地的人。 标准（viii）：该遗产地是由始于 2 000 万～4 000 万年前的高阿尔卑斯山脉隆起和挤压而形成的山脉景观的杰出范例。其海拔范围是 809～4 274 米。该遗产地展示了由于非洲板块向北漂移而形成的 4 亿岁的晶质岩嵌入年轻碳酸岩的壮丽景观。 标准（ix）：在其海拔范围内，以及其干燥的南方和湿润的北方，该遗产地提供了广阔的高山和亚高山栖息地。以两个主要的晶质岩和碳酸岩为基础，这里的生态系统其发展没有受到重大的人为干扰。	Switzerland 瑞士

编号	遗产地名称	类型	入选时间/年份	入选标准		国家
164	Swiss Tectonic Arena Sardona 萨多纳地质结构区	N	2008	（viii）	萨多纳地质结构区位于瑞士东部阿尔卑斯山脉地区，面积 32 850 公顷。该地区的特点是拥有 7 座海拔 3 000 米以上的山峰。这个区域展现出造山运动的异常实例，它通过大陆板块碰撞和独特的地质断面（通过逆冲型地震构成）等过程，将较老的深层岩石搬迁到较年轻的浅处的岩石上面。清晰的三维立体结构和刻画这种现象的过程是这个地点的最大特征，自 18 世纪以来，这里一直是重要的地质学研究基地。格拉鲁斯阿尔卑斯山脉是一座被冰雪覆盖的山脉，它屹立在狭窄的河谷上，是阿尔卑斯山中部最大的冰河期以后的山崩地点。标准（viii）：地球的历史，地质、地貌特点和过程：萨多纳地质结构区是展示造山运动的杰出范例，被认为是展示 19 世纪以来的地质科学的重要场所。	Switzerland 瑞士
165	Tajik National Park （Mountains of the Pamirs）塔吉克斯坦国家公园（帕米尔山）	N	2013	（vii）（viii）	塔吉克斯坦国家公园（帕米尔山），塔吉克斯坦坐落于欧亚大陆最高山脉的汇合点——"帕米尔高原"中部，该处遗址覆盖了塔吉克斯坦东部超过 250 万公顷的区域，多山且鲜有人居住。其东部为高原，西部为高低不一的山峰（其中一些超过 7 000 米），该地突出的特点是气温呈现出极端的季节性波动。极地之外最长的高山冰川坐落于该遗址已记录的 1 085 座冰川之中，此外，该处还有 170 条河流以及 400 多个湖泊。公园内生长着丰富的亚洲西南和亚洲中部植物区系植被物种，为全国范围内稀少且受到威胁的鸟类和哺乳动物（包括马可波罗盘羊、雪豹、西伯利亚野山羊以及其他哺乳动物物种）提供了避难所。受频繁的强震影响，该公园几乎未受农业文化和永久性人类居住的影响。这为板块构造学和俯冲现象的研究提供了一个独一无二的机会。标准（vii）：塔吉克斯坦国家公园是古北界保护区最大的高山保护区。Fedchenko 冰川作为欧亚大陆最大的山古冰川，世界上最长的外极地地区，是全球独特的壮丽景观的范例。标准（viii）：帕米尔山脉是欧亚大陆重要的冰川中心，塔吉克斯坦国家公园向人们展示了保护区内的高帕米尔高原地貌旁的许多高山、峡谷冰川和幽深的河流峡谷景观。	Tajikistan 塔吉克斯坦

编号	遗产地名称	类型	入选时间/年份	入选标准	国家
166	Serengeti National Park 塞伦盖蒂国家公园	N	1981	（vii）（x）	塞伦盖蒂国家公园，在广袤的塞伦盖蒂平原上有 150 万公顷的大草原和数量众多的食草动物羚羊、瞪羚和斑马。每年，当它们为寻找水源而迁徙时，总有食肉动物尾随其后，这是世界上最壮观的景象之一。 标准（vii）：塞伦盖蒂平原拥有世界上最大的现存没有被改变的动物迁徙地，100 万只的牛羚和成百上千的其他蹄类动物每年跋涉 1 000 千米，跨越肯尼亚和坦桑尼亚这两个相邻的国家。 标准（x）：塞伦盖蒂国家公园的非生物因素如降雨、温度、地形、地质、土壤和排水系统是其拥有众多水生和陆生生物栖息地的重要原因。	Tanzania, United Republic of 坦桑尼亚联合共和国
167	Selous Game Reserve 塞卢斯禁猎区	N	1982	（ix）（x）	塞卢斯禁猎区占地 5 万平方千米，在这个很少受人类干扰的广大原野里生活着数量众多的大象、黑犀牛、印度豹、长颈鹿、河马以及鳄鱼。这个公园的植被种类众多，既有浓密的灌木丛，又有树木茂盛的广阔草原。 标准（ix）：塞卢斯禁猎区是非洲现存最大的荒野地区之一，其生态和生物过程受到的干扰很小，包括一系列具有捕食者-被食者关系的野生生物。 标准（x）：与米欧林地的其他任何地区相比，禁猎区的物种密度更大，物种多样性更丰富：记录有 2 100 多种植物，更被认为是南部最遥远的森林。	Tanzania, United Republic of 坦桑尼亚联合共和国
168	Kilimanjaro National Park 乞力马扎罗国家公园	N	1987	（vii）	乞力马扎罗国家公园，乞力马扎罗山是非洲的制高点，它是一个火山丘，有 5 895 米高，矗立在周围的草原之上，它那终年积雪的山顶在大草原上若隐若现。乞力马扎罗山四周都是山林，那里生活着众多的哺乳动物，其中一些还属于濒临灭绝的种类。 标准（vii）：乞力马扎罗山是世界上最大的火山之一。它有三个主要的火山峰：基博峰、马文奇峰和希拉峰。凭借其白雪皑皑的山峰和冰川，它成为非洲最高的山脉。	Tanzania, United Republic of 坦桑尼亚联合共和国

编号	遗产地名称	类型	入选时间/年份	入选标准	国家
169	Thungyai-Huai Kha Khaeng Wildlife Sanctuaries 童·艾·纳雷松野生生物保护区	N	1991	（vii）（ix）（x）	童·艾·纳雷松野生生物保护区，在泰缅边界上绵延 60 多万公顷，是保存相对完整，包括东南亚大陆几乎所有森林类型的保护区。它是各种不同种类动物的家园，保护区内栖居着本地区 77%的大型哺乳动物（特别是大象和老虎），50%的大型鸟类和 33%的陆地脊椎动物。	Thailand 泰国
170	Dong Phayayen-Khao Yai Forest Complex 东巴耶延山—考爱山森林保护区	N	2005	（x）	东巴耶延山—考爱山森林保护区横跨在柬埔寨东部边缘的巴耶延国家公园和西部的考爱山国家公园之间，绵延 230 千米。这里是 100~1 351 米高的崎岖山区，总面积 615 500 公顷，其中有 7 500 公顷在海拔 1 000 米以上。北部由孟河的几条支流汇聚而成，其本身也是湄公河的支流。南边是许多瀑布、河谷和由四个溪流汇聚而成的巴真武里河（Prachinburi River）。这里栖息着 800 多个动物种群，其中有 112 种哺乳动物（长臂猿类有两种）、392 种鸟类，200 种爬行和两栖类动物。保护世界上受到威胁和濒危哺乳动物、鸟类和爬行动物具有全球性的重要意义。这其中有 19 种动物易受危害，4 种动物处于濒危状态，还有 1 种受到严重威胁。这一地区包含丰富而重要的热带森林生态系统，为这些动物的长期生存提供了一个适宜的栖息场所。标准（x）：东巴耶延山—考爱山森林保护区有 800 多个动物物种，包括 112 个哺乳动物物种，392 个鸟类物种和 200 个爬行动物和两栖动物物种。	Thailand 泰国
171	Ichkeul National Park 伊其克乌尔国家公园	N	1980	（x）	伊其克乌尔国家公园，伊其克乌尔湖和沼泽是上万种候鸟迁徙的主要中转站。鸭子、鹅、鹳、火烈鸟等鸟类都在此觅食筑巢。在贯穿整个北非的湖泊链条中，伊其克乌尔湖是现存的最后一个湖泊。标准（x）：伊其克乌尔国家公园包含重要的天然气栖息地，是西方古北界鸟类的重要越冬地。每年冬天，该遗产地都为大量的水禽提供庇护地，在某些年份，同时有 300 000 多的鸭子、鹅和水鸭来到这里。	Tunisia 突尼斯

编号	遗产地名称	类型	入选时间/年份	入选标准		国家
172	Bwindi Impenetrable National Park 布恩迪难以穿越的国家公园	N	1994	（vii）（x）	布恩迪难以穿越的国家公园位于乌干达的西南部，处于平原和山区森林的交汇处，占地 32 000 公顷，以生物的多样性而闻名，它拥有 160 多种树木和 100 多种蕨类植物，这里是多种的鸟类和蝴蝶的栖息地，还生活着许多濒危物种，包括山地猩猩。标准（vii）：作为陆地上生物多样性丰富的遗产地，该遗产地的景观被认为是绝妙的自然现象。标准（x）：随着海拔高度从 1 160～2 706 米的变化，其栖息地也多样化，处于艾伯丁、刚果盆地和非洲东部生态区的交叉地带，布恩迪的栖息地丰富，对于乌干达的许多物种来讲，是非常重要的地方，包括许多艾伯丁裂谷的特有物种。	Uganda 乌干达
173	Rwenzori Mountains National Park 鲁文佐里山国家公园	N	1994	（vii）（x）	鲁文佐里山国家公园位于乌干达西部，面积 10 万公顷，由鲁文索瑞山脉的主干构成，包括非洲的第三高峰（玛格丽塔峰，高 5 109 米）。该地区的冰川、瀑布和湖泊使它成为非洲最美丽的山区之一。这一公园是许多濒危物种的自然栖息地，园中生长着许多珍稀植物，包括巨型石南花。标准（vii）：鲁文佐里山是传说中的"月亮之山"，该崎岖的山脉屹立于云雾缭绕之中，高于艾伯丁裂谷 4 000 余米，使人们能够在很远就能看到它。标准（x）：因为其海拔和几乎恒定的温度、湿度和高强度的太阳辐射，该山脉有非洲最丰富的山地植物区。物种丰富，其中许多物种都是艾伯丁裂谷的特有物种，而且外观奇异。	Uganda 乌干达
174	Giant's Causeway and Causeway Coast "巨人堤道及堤道海岸"	N	1986	（vii）（viii）	"巨人堤道"位于北爱尔兰安特令平原边沿，沿着海岸坐落在玄武岩悬崖的山脚下，由大约 40 000 个黑色玄武岩巨型石柱组成，这些石柱一直延伸到大海。这个令人称奇的景观使人们联想出巨人跨过海峡到达苏格兰的传说。300 年来，地质学家们研究其构造，了解到它是在第三纪（5 000 万～6 000 万年前）时由活火山不断喷发而成的。这个状观景点同时大大推动了地球科学的发展。	United Kingdom of Great Britain and Northern Ireland 英国

编号	遗产地名称	类型	入选时间/年份	入选标准		国家
175	Henderson Island 享德森岛	N	1988	（vii）（x）	享德森岛位于太平洋东南部，是世界上为数不多的拥有未受人类破坏、保存完好的生态系统的环状珊瑚岛之一。它与世隔绝的环境为人类研究岛屿进化发展的动力和自然选择提供了依据。现今享德森岛以当地特有的 10 种植物和 4 种鸟类而闻名于世。	United Kingdom of Great Britain and Northern Ireland 英国
176	Gough and Inaccessible Islands 戈夫岛和伊纳克塞瑟布尔岛	N	1995	（vii）（x）	戈夫岛和伊纳克塞瑟布尔岛，伊纳克塞瑟布尔岛位于南太平洋，面积 14 平方千米，是戈夫岛的扩展项目。戈夫岛于 1995 年被首次纳入《世界遗产名录》。该遗产现在称为戈夫岛和伊纳克塞瑟布尔岛，是该地区少有的几个未遭破坏保持完好的海洋生态系统的岛屿之一。每座岛上的悬崖景色壮观，俯瞰大海。岛上未曾引入哺乳动物，是世界上最大的海鸟栖息地。戈夫岛是两种当地稀有鸟类——秧鸡和罗维提鸟的栖息地，岛上还有 12 种当地特有植物。伊纳克塞瑟布尔岛拥有当地两种鸟类、8 种植物和至少 10 种无脊椎动物。	United Kingdom of Great Britain and Northern Ireland 英国
177	Dorset and East Devon Coast 多塞特和东德文海岸沿岸的悬崖	N	2001	（viii）	多塞特和东德文海岸沿岸的悬崖，展示了约 1.85 亿年间的地球发展历程，其岩层序列几乎毫无间断地记录了中生代的地质史。该地区是重要的化石采集基地，具有典型的海岸地形特征，300 多年来对地球科学研究作出了贡献。标准（viii）：多塞特和东德文海岸沿岸的悬崖是连续经历三叠纪，侏罗纪和白垩纪而形成的横跨中生代的岩层，记录了近 1.85 亿年的地球历史。	United Kingdom of Great Britain and Northern Ireland 英国
178	Yellowstone National Park 黄石国家公园	N	1978	（vii）（viii）（ix）（x）	黄石国家公园中广袤的自然森林占地面积约 9 000 平方千米，其中 96%位于怀俄明州，3%位于蒙大拿州，还有 1%位于爱达荷州。黄石国家公园拥有已知地球地热资源种类的一半，共有 1 万多处。国家公园还是世界上间歇泉最集中的地方，共有 300 多处间歇泉，约占地球总数的 2/3。黄石国家公园建于 1872 年，它也因为其生物多样性而闻名于世，其中包括灰熊、狼、野牛和糜鹿等。	United States of America 美国

编号	遗产地名称	类型	入选时间/年份	入选标准	国家
178	Yellowstone National Park 黄石国家公园	N	1978	标准（vii）：黄石国家公园的绝妙自然景观包括世界上最大的间歇泉、黄石河大峡谷，以及无数的瀑布和野生动物大群体。 标准（viii）：黄石国家公园是世界上研究和欣赏地球进化史的重要地点之一。该公园内有世界上无与伦比的地表地热活动，无数的温泉、泥沼和喷泉，以及数量超过世界半数的间歇泉。 标准（ix）：该公园是地球上少数现存的北温带完整的庞大生态系统之一。公园内所有植物的自然演替过程都没有受到直接的人为管理和干扰。 标准（x）：黄石国家公园已经成为北美罕见植物物种和动物物种最重要的庇护所之一，同样也可以作为生态过程的一个典范。 （vii）（viii）（ix）（x）	United States of America 美国
179	Everglades National Park 大沼泽国家公园	N	1979	大沼泽国家公园位于佛罗里达州最南端，被称为"从内陆流向大海的绿地之河"。国家公园中有大量的水域面积，为许多鸟类和爬行动物提供了栖息地，同时也是如海牛这样的濒危动物的庇护所。 标准（viii）：大沼泽国家公园是一个巨大的、接近平坦的海床，该海床于最后一冰河时代的后期被淹没。其石灰岩基地是现代碳酸盐岩沉积中最活跃的区域之一。 标准（ix）：大沼泽国家公园有大面积的亚热带湿地和海岸/海洋生态系统，包括淡水沼泽、热带硬木吊床、松树、红树林、海水沼泽，以及对商业和休闲渔业而言很重要的海草生态系统。 标准（x）：大沼泽国家公园是展现生物过程的杰出范例。其异常多样的水生栖息地已经使其成为大量鸟类和爬行动物的避难所，它为20多个罕见物种、濒危物种和受威胁物种提供了避难所。 （viii）（ix）（x）	United States of America 美国

编号	遗产地名称	类型	入选时间/年份	入选标准	国家
180	Grand Canyon National Park 大峡谷国家公园	N	1979	（vii）（viii）（ix）（x）	大峡谷国家公园，著名的科罗拉多大峡谷深约1 500米，由科罗拉多河长年侵蚀而成，是世界上最为壮观的峡谷之一。大峡谷位于亚利桑那州境内，横亘了整个大峡谷国家公园。大峡谷的水平层次结构展示了20亿年来地球的地质学变迁，同时它也保留了大量人类适应当时恶劣环境的遗迹。 标准（vii）：大峡谷国家公园因其美丽的自然景观而著名，被认为是世界上视觉效果最富有感染力的景观之一。大峡谷国家公园被列于《世界遗产名录》是因为其深度，以及神殿般的、广阔的、幽深的、迷宫般的地形。 标准（viii）：在大峡谷国家公园，有跨越四个时代的地球进化史，从寒武纪到新生代。前寒武纪与古生代的历史记录在峡谷峭壁上，包括丰富的化石群组。 标准（ix）：大峡谷是不同海拔高度生境的杰出范例，北美峡谷壁七个生命区中的五个由于河流的切割作用而发展为峡谷。 标准（x）：该公园多样的地形使这里的生态系统同样多样。在非常小的地理区域内，有五个生命区。大峡谷国家公园是一个生态避难所，公园内有未受干扰的正在缩小的生态系统遗迹、无数的特有物种、珍稀物种和濒危动植物物种。	United States of America 美国
181	Redwood National and State Parks 红杉国家公园	N	1980	（vii）（ix）	红杉国家公园位于旧金山北部太平洋海岸的群山中，公园中生长着大量美国红杉，这是世界上最高最壮观的树种。国家公园内生活着的海洋生物和陆地生物同样引人注目，特别是海狮、秃鹰和濒临灭绝的加利福尼亚褐色塘鹅。 标准（vii）：红杉国家公园是毗邻太平洋的海岸山区，红杉国家公园到旧金山、加利福尼亚和俄勒冈州的距离是相等的（560千米350米）。红杉国家公园被海岸红杉林（红杉）覆盖着，是世界上最高的生物，也是世界上令人印象最深刻的树木。世界上几个已知的最高树木就在这里。 标准（ix）：红杉国家公园在其原始森林和溪边保护着世界上最大面积的现存古老海岸红杉林。	United States of America 美国

编号	遗产地名称	类型	入选时间/年份	入选标准	国家
182	Mammoth Cave National Park 猛玛洞穴国家公园	N	1981	（vii）（viii）（x）	猛玛洞穴国家公园位于肯塔基州，是世界上最大的自然洞穴群和地下长廊，也是石灰岩地貌构成的典型代表。该国家公园及其地下超过 560 千米的长廊为多种植物和动物提供了栖息地，其中包括许多濒危物种。 标准（vii）：猛玛洞穴是世界上最长的喀斯特系统。猛玛洞穴长长的通道有巨大的石室、竖井、石笋和钟乳石、美丽的石膏花、细腻的针石膏、稀有芒硝花卉和其他喀斯特景观是所有该类型地貌景观的绝佳范例。世界上没有这样的喀斯特系统可以像猛玛洞穴一样提供了更多种类的硫酸盐矿物。 标准（viii）：猛玛洞穴展示了有 1 亿年历史的洞穴，展现了几乎每一种已知的喀斯特形式。其地质形成过程仍在继续。 标准（x）：该洞穴的植物种群和动物种群是最丰富的洞穴野生生物种群，有 130 多个物种，其中已知 14 个洞生动物和适洞性动物只在这里生存。	United States of America 美国
183	Olympic National Park 奥林匹克国家公园	N	1981	（vii）（ix）	奥林匹克国家公园坐落于华盛顿州的西北角，以其生态系统多样性著称于世。公园中不仅有常年被冰雪覆盖的高山，还有大量的高山草甸，以及高山草甸周围的古森林，这些树林是太平洋西北部地区保存最为完好的温带雨林之一。从奥林匹亚山上发源的 11 条主要河流为当地的溯河产卵鱼类提供了良好的栖息环境。奥林匹克国家公园内还有 100 千米长的沿海原野保留地，这是美国最长的未开发海岸地带。在这片原野保留地内生活着大量当地特有的动植物，包括濒危的北部斑点猫头鹰、斑海雀和海鳟等。 标准（vii）：奥林匹克国家公园是世界上最大的温带保护区，这里景观美丽，保护区包括一个复杂的生态系统，海洋边缘的温带雨林、高山草甸和冰川覆盖的山峰。它包含世界上最大的原始温带雨林之一，也包含许多地球上最大的针叶树物种。 标准（ix）：公园受强降雨影响而地形多样，从海岸地形到冰川，这样的地形造就了复杂多样的植被带，提供了太平洋沿岸无与伦比的多样栖息地。	United States of America 美国

编号	遗产地名称	类型	入选时间/年份	入选标准		国家
184	Great Smoky Mountains National Park 大烟雾山国家公园	N	1983	（vii）（viii）（ix）（x）	大烟雾山国家公园占地 20 万公顷,园内生长有超过 3 500 种植物,其中树木约 130 种，这个数目与整个欧洲的树木种类基本持平。在大烟雾山国家公园中还有许多种濒危动物,其中蝾螈的种类可能是世界上最多的。由于大烟雾山国家公园基本未受到人类破坏,所以在这里我们可以看到未受人类影响的温带植物生长情况。 标准（vii）：该遗产地的自然风景美丽,其特点云雾缭绕("黑烟"),原始森林广袤,河流清澈。 标准（viii）：大烟雾山国家公园因其是古北界-第三纪古植物区系的突出范例而具有全球重要意义,提供了像最近的人类影响前的晚更新世时期的植物迹象。 标准（ix）：大烟雾山国家公园是世界上现存最大的古北界-第三纪古植物区系之一。它足够大而成为该自然系统的持续生物进化的杰出范例。 标准（x）：大烟雾山国家公园是世界上生态多样性最丰富多样的温带保护区之一。这里有 1 300 个本土维管束植物物种,包括 105 个本土树种和将近 500 个非维管束植物物种,其植物多样性水平可以媲美或超过其他同样规模的温带保护区。	United States of America 美国
185	Yosemite National Park 约塞米特蒂国家公园	N	1984	（vii）（viii）	约塞米特蒂国家公园位于加利福尼亚中部,该公园给我们展示着世上罕见的由冰川作用而成的大量花岗岩形态,包括"悬空"山谷、瀑布群、冰斗湖、冰穹丘、冰碛以及 U 形山谷。在约塞米特蒂国家公园海拔 600～4 000 米的区域内,我们还可以找到各种各样的动植物。 标准（vii）：约瑟米特有绝美的自然景观,包括 5 个世界上海拔最高的瀑布。在这里,花岗岩圆顶和墙壁、深深下切的峡谷、三个巨型的红杉园、无数的高山草甸、湖泊、多样的生物区和多样的物种共同构成了这里的美景。 标准（viii）：花岗岩和冰川作用共同产生了独特地貌特征,包括光穹顶结构,以及悬谷,冰斗湖,冰碛和 U 形山谷。花岗岩地貌如半圆顶和埃尔卡皮坦的垂直墙壁是地质历史的典型反映。其他地方没有一处可以描绘冰川对底层花岗岩圆顶的影响。	United States of America 美国

编号	遗产地名称	类型	入选时间/年份	入选标准	国家
186	Hawaii Volcanoes National Park 夏威夷火山国家公园	N	1987	（viii） 夏威夷火山国家公园，世界上最活跃的两个活火山——冒纳罗亚山（海拔 4 170 米）和基拉韦厄火山（海拔 1 250 米），就像两个巨塔俯瞰着太平洋。火山猛烈的喷发不断地改变周围的景观，熔岩流揭示了奇妙的地质构造过程。人类在这里发现了许多稀有鸟类、当地特有物种和大量的巨型蕨类植物。 标准（viii）：该遗产地正在进行的火山进化过程中岛屿构造的独特范例。它代表了夏威夷群岛地质起源和变化的最新活动。该公园包括两个最重要的部分，世界上最活跃的和最了解的火山——基拉韦厄火山和莫纳罗亚火山。莫纳罗亚火山，从海底开始测量，是地球上最大的火山。	United States of America 美国
187	Carlsbad Caverns National Park 卡尔斯巴德洞穴国家公园	N	1995	（vii）（viii） 卡尔斯巴德洞穴国家公园，位于新墨西哥州，是由目前已发现的 80 个洞穴组成的喀斯特地形区。这些洞穴不仅面积广阔，而且其矿物构成数量众多、种类丰富，形态美不胜收。雷修古拉洞穴是其中最突出的一个洞穴，它成了一个地下实验室，为史前地质学和生物学研究提供了宝贵的资料。 标准（vii）：公园的主要洞穴 Carlsbad 洞穴和 Lechuguilla 洞穴因其岩石的丰富性、多样性和美丽而著名。Lechuguilla 洞穴展示了罕见和独特的洞穴堆积物，包括大量巨大的方解石和石膏地层，包括最大的石膏"吊灯"，其中一些长度达到 6 米以上。 标准（viii）：卡尔斯巴德国家公园是世界上少数正在进行的地质过程最明显和最罕见的洞穴堆积物形成过程的地方之一，使科学家能够在一个几乎没有受到干扰的环境中研究地质过程。	United States of America 美国

编号	遗产地名称	类型	入选时间/年份	入选标准		国家
188	Canaima National Park 卡奈依马国家公园	N	1994	（vii）（viii）（ix）（x）	卡奈依马国家公园占地面积达 300 万公顷，绵延于圭亚那和巴西边界线之间的委内瑞拉东南部。公园约 65% 的土地由石板山覆盖，这些生物地质学的实体构成的石板山极具地质学价值。陡峭的悬崖和高达 1 000 米的世界上最高的瀑布，构成了卡奈依马国家公园的独特景观。	Venezuela （Bolivarian Republic of） 委内瑞拉（玻利瓦尔共和国）
189	Ha Long Bay 下龙湾	N	1994	（vii）（viii）	下龙湾坐落于北部湾海湾。它的 1 600 个岛屿和小岛构成了一幅石灰石柱的壮观海景。由于地势陡峭，大部分岛屿无人居住且没有受到人类活动的干扰。此地秀美的自然风光与生态价值相辅相成，交相辉映。 标准（vii）：由众多石灰岩岛屿组成，岛屿从海中升起，大小形状各异，风景如画。下龙湾是大自然雕刻的壮观海景。尽管长期以来，下龙湾都被人们利用，但是该遗产地保持了较高水平的自然性。该遗产地的独特性包括宏伟的石灰岩柱和与之相关的刻痕、拱门和洞穴，发展良好，且是世界上此类型遗产地的最佳代表。 标准（viii）：作为世界上最广泛和最出名的海洋入侵塔状喀斯特范例，下龙湾是世界上最重要的喀斯特峰丛（集聚的圆锥形山峰）和喀斯特峰林之一。	Viet Nam 越南
190	Phong Nha-Ke Bang National Park 丰芽格邦国家公园	N	2003	（viii）	丰芽格邦国家公园的喀斯特地貌的形成是从古生代（大约 4 亿年前）开始的，是亚洲最古老的喀斯特地貌。由于剧烈的地壳运动，丰芽格邦国家公园的喀斯特地貌异常复杂，具有许多重要的地貌特征。公园的喀斯特地貌面积广阔，一直延伸到老挝边界，沿途 65 千米布满了岩洞和地下河。 标准（viii）：丰芽格邦国家公园是一个相对较大的切割台地的一部分，也包括 Ke Bang 和 Hin Namno 喀斯特地区。这里的石灰岩是不连续的，展示了页岩和砂岩的复杂相互层叠现象，这一点加上片岩和花岗岩，使这里的地形地貌十分独特。	Viet Nam 越南

编号	遗产地名称	类型	入选时间/年份	入选标准		国家
191	Socotra Archipelago 索科特拉群岛	N	2008	(x)	索科特拉（Socotra）群岛位于印度洋附近的亚丁湾，长 250 千米，由 4 座小岛和 2 座岩石小岛组成，属也门领土。从地图上看，它是"非洲之角"的一个延长部分。该遗产地因其生物多样性而具有全球重要意义，这里有大量独特的动植物种群：索科特拉岛 37% 的植物（共 825 种）、90% 的爬行动物和 95% 的蜗牛都是岛上独有的。该遗产地养活着许多全球重要的陆地鸟类和海洋鸟类物种（192 个鸟类物种，其中 44 种在岛屿上繁殖，85 种是迁徙物种），包括一些濒危物种。索科特拉的海洋生物种类丰富多样，有 253 种珊瑚礁，730 个海岸鱼类物种和 300 个螃蟹、龙虾物种。标准（x）：生物多样性和濒危物种。索科特拉岛因其生物多样性保护而具有全球重要意义，其陆地生物和海洋生物的特有性水平和多样性水平非常高。	Yemen 也门
192	Mosi-oa-Tunya/Victoria Falls 莫西奥图尼亚瀑布（维多利亚瀑布）	N	1989	(vii) (viii)	莫西奥图尼亚瀑布（维多利亚瀑布）是世界上最壮观的瀑布之一。赞比西河宽度超过 2 千米，瀑布奔入玄武岩峡谷，水雾形成的彩虹远隔 20 千米以外就能看到。标准（vii）：莫西奥图尼亚瀑布是世界上最大的瀑布。宽 1 708 米，每分钟的降水量为 5 亿升，高度分别为 61 米（Devil's Cataract 瀑布），83 米（Main 瀑布），99 米（Rainbow 瀑布），98 米（Eastern Cataract 瀑布）。八个壮观的玄武岩峡谷和若干岛屿核心区是四个濒危和迁徙鸟类物种的繁殖地，例如台达猎鹰和黑鹰。标准（viii）：莫西奥图尼亚瀑布（维多利亚瀑布）和与之相关的八个玄武岩峡谷，是由于瀑布位置随着地质时间的不断变化而形成的。这八个峡谷是河流侵蚀的杰出范例，仍继续雕刻着坚硬的玄武岩。	Zambia 赞比亚 Zimbabwe 津巴布韦

编号	遗产地名称	类型	入选时间/年份	入选标准	国家
193	Mana Pools National Park，Sapi and Chewore Safari Areas 马纳波尔斯国家公园、萨比和切俄雷自然保护区	N	1984	（vii）（ix）（x）	马纳波尔斯国家公园、萨比和切俄雷自然保护区，在赞比西河河岸，悬崖突兀，洪水冲成的平原为野生动物的生存提供了乐土，这里有大象、水牛群、豹子和猎豹。其中，尼尔鳄鱼是这个地区的一个重要种群。 标准（vii）：赞比亚边界公园河岸有大量的动物，构成了一个壮观的非洲野生生物地。 标准（ix）：这里有大量的沙子（尽管由于卡里巴大坝的作用，河流流量有变化），这样的环境使其成为季节性河流侵蚀和沉积的范例。这里冲积层上有清晰的植被演替。山谷内大型哺乳动物因为种间和种内差异而导致的季节性移动是其最大的生物价值所在。 标准（x）：符合这一标准是因为该区域是非洲最重要的黑犀牛和其他当时被认为是濒危物种的保护区之一。如今，黑犀牛已经消失了，尽管如此该遗产地仍然有其他濒危物种种群，包括大象和河马，以及其他受威胁的物种，如狮子、猎豹和野狗。美洲豹和棕色鬣狗被列为即将受到威胁的物种，许多尼罗鳄也是该遗产内受到保护的物种。这一区域也被认为是许多植物和鸟类的重要庇护地。	Zimbabwe 津巴布韦
194	Okavango Delta 奥卡万戈三角洲	N	2014	（vii）（ix）（x）	这个三角洲地处博茨瓦纳的西北部，由永久性的沼泽地和季节性的冲积平原组成。奥卡万戈三角洲是少数拥有几乎完好无损的湿地生态系统，且不流入大海或大洋的内陆三角洲之一。这个遗产地的其中一个独特之处在于每年来自奥卡万戈河流的洪水都发生在旱季，这使得当地的植物和动物的生理周期与雨水和洪水同步。这是气候、水文和生物进程相互作用的一个特殊例子。奥卡万戈三角洲是一些世界最濒危的大型哺乳动物的家，如猎豹、白犀牛、黑犀牛、非洲野狗和狮子。 标准（vii）：永久清澈的海水和可溶解的营养物质使干旱的喀拉哈里沙漠这个栖息地成为一处特殊且罕见的美丽胜地。这里的生态系统物种多样性丰富，而且是很多生物的栖息地，因此生态系统的恢复能力强，自然景观令人惊叹。每年的洪水-潮汐每年都会冲击三角洲的生态系统，对于生态系统的维持很重要，也是博茨瓦纳干旱季节高峰期的重要生命力。	Botswana 博茨瓦纳

编号	遗产地名称	类型	入选时间/年份	入选标准		国家
194	Okavango Delta 奥卡万戈三角洲	N	2014	（vii）（ix）（x）	标准（x）：奥卡万戈三角洲世界遗产支撑着一些世界上最濒危的大型哺乳动物的生存，如如猎豹，白，黑犀牛，野狗和狮子，他们都适应了这里的湿地生态系统。该三角洲的物种丰富，有 1061 种植物（属于 134 科 530 属），89 种鱼类，64 种爬行类生物，482 种鸟类和 130 种哺乳动物。	Botswana 博茨瓦纳
195	StevnsKlint 斯泰温斯-克林特	N	2014	（viii）	该地质遗址包含长 15 千米有丰富化石的海岸悬崖，为大约 6 500 万年白垩纪撞向地球的希克苏鲁伯陨石提供了特殊的证据。研究人员认为，这引起了最令人惊叹的物种大灭绝，导致超过 50%地球上的物种消失。这个遗址拥有由陨石冲击形成的火山灰云记录-确切位置是在墨西哥的尤卡坦半岛沿岸的海洋底部。这个遗址有一个特殊的化石记录，展示了在大灭绝后动物和微生物群落的完整演替恢复过程。标准（viii）：斯泰温斯-克林特是世界少有的历史陨石撞击影响地球生命历史的证据。它为 67 万年前发生在白垩纪的希克苏鲁伯陨石撞击地球说提供了独特的证据。现代科学家普遍认为这个影响引起了恐龙时代的结束，并导致地球上超过 50%的物种灭绝。这是地球历史上近期最重大的灭绝之一。对比性分析显示这是上百个遗址中最显著且能到达的一个，可以看见陨石撞击形成的火山灰云沉积，这个撞击的真正遗迹在尤卡坦半岛海岸的深水之下。	Denmark 丹麦
196	Great Himalayan National Park Conservation Area 大喜马拉雅山脉国家公园	N	2014	（X）	该国家公园坐落于印度北部的喜马偕尔邦喜马拉雅山脉的西部，其特点是高耸的山峰、高山草甸、河边茂密的森林。90540 公顷的土地包括河流上游的高山冰川和成为溪流的主要水源的积雪融水，是下游成千上万的用户十分重要的集水区。GHNPCA 保护着受季风影响的森林和喜马拉雅前缘范围的高山草甸。这里是喜马拉雅生物多样性热点地区的一部分，其中包括 25 种森林，森林中有丰富的动物物种，其中一些物种是受到威胁的物种。这使得保护这里的生物多样性尤其重要。	India 印度

编号	遗产地名称	类型	入选时间/年份	入选标准	国家
196	Great Himalayan National Park Conservation Area 大喜马拉雅山脉国家公园	N	2014	（X）标准（X）：大喜马拉雅山脉国家公园保护区位于全球重要的"西喜马拉雅温带森林"生态区内。该遗产地也保护着国际保护组织的喜马拉雅"生物多样性热点区"的一部分，同时也是国际鸟类联盟西喜马拉雅鸟类区的一部分。大喜马拉雅山脉国家公园是 805 种维管植物物种、192 种苔藓、12 种苔类植物和 25 种苔藓的家园。其约 58%被子植物是西方喜马拉雅山的地方特有物种。该遗产地同时也保护 31 种哺乳动物、209 种鸟类、9 种两栖类生物、12 种爬行动物和 125 种昆虫。大喜马拉雅山脉国家公园保护区为 4 种全球濒危哺乳动物、3 种全球濒危鸟类和许多药用植物提供栖息地。对低海拔河谷的保护为重要的栖息地以及例如西部黄腹角雉和麝这样的濒危物种提供了更全面的保护和管理。	India 印度
197	Mount Hamiguitan Range Wildlife Sanctuary 汉密吉伊坦山野生动物保护区	N	2014	（X）汉密吉伊坦山野生动物保护区，沿着东棉兰老岛生物多样性走廊的东南部分，形成一条南北走向的山脊，海拔范围 75~1,637 米，为一系列植物和动物物种提供了重要的栖息地。该遗产地展示了不同海拔高度的陆地和水生栖息地，包括一些濒危动植物物种，其中八种只发现于汉密吉伊坦山。这些物种包括极度濒危的树木，植物和标志性的菲律宾鹰和菲律宾凤头鹦鹉。 标准（X）：汉密吉伊坦山范围野生动物保护区代表了一个在菲律宾典型生物地理区域内，且相当完整的，高度多样化的山地生态系统。它的植物和动物的多样性，包括了全球濒危物种，以及大量的特有物种，包括只存在于菲律宾半岛和棉兰老岛，以及只生存于提名遗址地的物种。矗立在汉密吉伊坦山范围野生动物保护区中的脆弱热带"盆景"林集中体现了在恶劣条件下生存所需要付出的自然代价。作为其在半隔离和在不同生境类型中，不同的土壤和气候条件下生长的结果，它呈现出的具有显著地方特性的生物多样性使得科学家相信，可能在这个区域有更多的全球独特物种有待发现。	Philippines 菲律宾

第二节 世界文化与自然双遗产 OUV①

根据将世界遗产委员会对《世界遗产名录》中的世界文化与自然双遗产的《突出的普遍价值声明》，翻译整理如下表。

编号	遗产地名称	类型	入选时间/年份	入选标准	国家
1	Tassili n'Ajjer 阿杰尔的塔西利	NC	1982	阿杰尔的塔西利，该遗址所在地环境独特，如同月球表面，极具地质学研究意义，是世界上最重要的史前岩洞艺术群之一。15 000 多幅绘画和雕刻作品记录了公元前 6 000 年至公元初几个世纪撒哈拉沙漠边缘地区的气候变化、动物迁徙和人类生活进化。当地的地质构成形态有着极高的观赏价值，被侵蚀的砂岩形成了"石林"。标准（i）：各个时期的绘画和岩石雕刻令人印象深刻，使该遗产地获得了世界的认可。标准（iii）：这里的岩石艺术大约有 1 000 年的历史了。根据考古遗迹，它们见证了其对气候变换、动植物变化的适应，特别是史前时期的防守站点的人们可以过上耕种和放牧的生活。标准（vii）：被侵蚀的砂岩形成了"石林"，使该遗产地具有科学价值。砂岩一直保持完好，标记了重要的地质和气候事件。水的侵蚀作用和风蚀作用使这里形成了特定的地貌形态，在水的雕刻和风的软化下形成的高原。标准（viii）：阿杰尔的塔西利其地质构造包括前寒武纪结晶元素和具有古地理和古生态研究价值的沉积砂岩演替。	Algeria 阿尔及利亚
2	Kakadu National Park 卡卡杜国家公园	NC	1981	这是独一无二的考古和人种保护区，位于澳大利亚北领地州，4 万多年以来，一直有人类在此居住。这里的石洞壁画、石刻以及考古遗址完整记录了该地区人民的生活技能和生活方式，包括从史前狩猎采集者到如今仍在此生息的土著居民。这里还是各种生态系统共存的一个特例，包括潮坪、漫滩、低地和高原，为当地大量的珍稀动植物提供了栖息之地。标准（i）：卡卡杜的艺术，由于其被广泛应用的艺术风格、数量多且密集的遗迹、对人类和动物（包括已灭绝很久的动物）的刻画，使这里取得了独特的艺术成就。	Australia 澳大利亚

① http://whc.unesco.org/en/list.

编号	遗产地名称	类型	入选时间/年份	入选标准		国家
2	Kakadu National Park 卡卡杜国家公园	NC	1981	(i)(vi)(vii)(ix)(x)	标准（vi）：岩石艺术和考古记录是更新世时代至今的传统原住民与狩猎和采集活动有关的社会和祭祀活动的证据。 标准（vii）：卡卡杜国家公园包括国际认可的 Ramsar-listed 湿地和壮观的岩石悬崖之间的显著对比。湿地延伸到公园北部的几十千米处，为数百万的水鸟提供了栖息地。悬崖包括垂直和陡峭的峭壁，高达 330 米，呈锯齿状，连绵不绝，延伸数百千米。 标准（ix）：该遗产地包含澳大利亚四大水系的重要元素。卡卡杜的古悬崖和石头横跨 20 亿年的地质历史，而冲积平原是近期才形成的，不断变化的海平面和每个潮湿季节的大洪水塑造了一个动态的环境。 标准（x）：该公园因保护澳大利亚北部一个几乎完整的大型热带河流而具有独特价值。该公园拥有最广阔的栖息地，与世界上同等规模的栖息地相比，拥有最多的物种。卡卡杜广阔的面积、多样的栖息地和欧洲移民的有限影响，促使了该公园对许多重要栖息地和物种的保护。	Australia 澳大利亚
3	Willandra Lakes Region 威兰德拉湖区	NC	1981	(iii)(viii)	威兰德拉湖区有更新世（the Pleistocene）系列湖泊和沙滩构造的化石,考古研究还发现了4.5万～6 万年前人类居住的证据。这对于研究澳洲大陆人类进化史有着里程碑式的意义。湖区还有一些保存完好的大型有袋动物化石。 标准（iii）：威兰德拉湖区 18 500 年的干涸是证明早期人类在这里居住的鲜活证据。未受到干扰的地层已经成为研究澳洲大陆人类进化的证据，包括已知的最早的火葬、化石和早期的磨石技术，以及淡水资源的利用，这些都见证了人类在更新世时期的发展。 标准（viii）：澳大利亚地势低，能量系统低，这样的地质环境使这里的景观具有独特性，威兰德拉湖区提供了研究过去 10 万年气候和环境变化的窗口。	Australia 澳大利亚
4	Tasmanian Wilderness 塔斯马尼亚荒原	NC	1982	(iii)(iv)(vi)(vii)(viii)(ix)(x)	塔斯马尼亚荒原，这些公园和保护区地处受冰河作用严重影响的地区，到处都是峭壁峡谷，占地总面积超过 100 万公顷，是世界上仅有的几个大规模的温带雨林之一。在石灰石洞穴中发现的遗迹可以证明早在两万多年前就曾有人类在这里居住过。	Australia 澳大利亚

编号	遗产地名称	类型	入选时间/年份	入选标准	国家
5	Uluru-Kata Tjuta National Park 乌卢鲁－卡塔曲塔国家公园	NC	1987	（v）（vi）（vii）（viii）	乌卢鲁－卡塔曲塔国家公园,该公园原名乌卢鲁国家公园,特点在于其壮观的地质构造,那也是澳大利亚中部广阔的红砂土平原的主要构造。乌卢鲁是一块巨大的独石柱,而卡塔曲塔则是穹顶形巨石,位于乌卢鲁西部,它们共同构成了世界上最古老人类社会传统信仰体系的一部分。乌卢鲁－卡塔曲塔原来的所有者是阿南古土著人。	Australia 澳大利亚
6	Mount Taishan 泰山	NC	1987	（i）（ii）（iii）（iv）（v）（vi）（vii）	泰山,近两千年来,庄严神圣的泰山一直是帝王朝拜的对象。山中的人文杰作与自然景观完美和谐地融合在一起。泰山一直是中国艺术家和学者的精神源泉,是古代中国文明和信仰的象征。 标准（i）：泰山是中国五岳名山之一,是其独特的艺术成就。十一石门,十四拱门,四个石亭,这些都是沿着天地之间的 6 660 层阶梯雕刻而成的,绝不是简单的建筑物,但是最后经过人类的润色,成为一个壮观的自然景观。 标准（ii）：泰山是中国最受人敬重的一座山,2 000 年来,对艺术发展产生了多样和广泛的影响。 标准（iii）：泰山见证了中国帝王文明的遗失,其最特别之处在于泰山与他们的宗教、艺术和文字有关。2 000 年以来,它成为皇帝在凤山敬拜天地的重要地方。 标准（iv）：泰山是神山的杰出范例。天上的宫殿（The Palace of Heavenly Blessings）位于泰山之神的寺庙内,是中国三大最古老的宫殿之一。 标准（v）：泰山是自然与文化的结合,这里人类传统的祭仪中心,时间可以追溯到新石器（大汶口文化）时期,成为在观光旅游造成的影响下,传统文化的杰出范例。 标准（vi）：泰山是世界历史的直接和切实的影响是不能够被忽视的。这些影响包括儒家思想的出现、中国的统一、中国写作和文学的出现。 标准（vii）：经过大约 30 亿年的自然演化,泰山在复杂的地质和生物过程中形成,成为一个覆盖着茂密植被的巨大岩体,周围由高原围绕。	China 中国

编号	遗产地名称	类型	入选时间/年份	入选标准	国家
7	Mount Huangshan 黄山	NC	1990	(ii) (vii) (x)	黄山被誉为"震旦国中第一奇山"。在中国历史上的鼎盛时期，通过文学和艺术的形式（例如 16 世纪中叶的"山"、"水"风格）受到广泛的赞誉。今天，黄山以其壮丽的景色——生长在花岗岩石上的奇松和浮现在云海中的怪石而著称，对于从四面八方来到这个风景胜地的游客、诗人、画家和摄影家而言，黄山具有永恒的魅力。 标准（ii）：黄山自然景观的文化价值起源于中国唐代，自此以后，得到高度赞誉。该山在 747 年被皇室命名为黄山，从那时起就吸引了许多的游人，包括隐士、诗人和画家，通过绘画和诗歌颂黄山的美好风光，创作的艺术作品和文学作品具有全球重要意义。 标准（vii）：黄山因其壮观的自然美景而出名，包括大量的花岗岩和古老的松树，加之云雾效果，使景观更加壮美秀丽。 标准（x）：黄山为许多当地或中国特有物种提供栖息地，其中一些物种是在全球都受到威胁的物种。其突出特征是植物特别丰富，包含中国 1/3 的苔藓植物和超过半数的蕨类植物。	China 中国
8	Mount Emei Scenic Area，including Leshan Giant Buddha Scenic Area 峨眉山—乐山大佛	NC	1996	(iv) (vi) (x)	峨眉山—乐山大佛，公元 1 世纪，在四川省峨眉山景色秀丽的山巅上，落成了中国第一座佛教寺院。随着四周其他寺庙的建立，该地成为佛教的主要圣地之一。许多世纪以来，文化财富大量积淀，最著名的是乐山大佛，它是 8 世纪时人们在一座山岩上雕琢出来的，俯瞰着三江交汇之所。佛像身高 71 米，堪称世界之最。峨眉山还以其物种繁多、种类丰富的植物而闻名天下，从亚热带植物到亚高山针叶林可谓应有尽有，有些树木树龄已逾千年。 标准（iv）：在峨眉山上，有 30 多个寺庙，其中十个大且古老，它们的建筑风格都是当地的传统建筑风格，而且大多数都建在山坡上，考虑到了地形的优势。 标准（vi）：在峨眉山上，有形事物与无形事物、自然与文化的联系是非常重要的，也是其最大的意义。峨眉山作为中国四大佛教圣地之一，是一个具有历史意义的地方。 标准（x）：峨眉山因其丰富多样的植物物种从而成为具有特殊保护意义和科学意义的地方。该遗产地的生物多样性尤其丰富：大约 242 科的 3 200 个植物物种已经被记录，其中 31 种是受到国家保护的物种，100 多种是特有物种。	China 中国

编号	遗产地名称	类型	入选时间/年份	入选标准	国家
9	Mount Wuyi 武夷山	NC	1999	（iii）（vi）（vii）（x）武夷山脉是中国东南部最负盛名的生物多样性保护区，也是大量古代孑遗植物的避难所，其中许多生物为中国所特有。九曲溪两岸峡谷秀美，寺院庙宇众多，但其中也有不少早已成为废墟。该地区为唐宋理学的发展和传播提供了良好的地理环境，自 11 世纪以来，理教对东亚地区文化产生了相当深刻的影响。公元 1 世纪时，汉朝统治者在程村附近建立了一处较大的行政首府，厚重坚实的围墙环绕四周，极具考古价值。标准（iii）：武夷山是一处被保存了 12 个多世纪的景观。它拥有一系列优秀的考古遗址和遗迹，包括建于公元前 1 世纪的汉城遗址、大量的寺庙和与公元 11 世纪产生的朱子理学相关的书院遗址。标准（vi）：这里也是中国古代朱子理学的摇篮。作为一种学说，朱子理学曾在东亚和东南亚国家中占据统治地位达很多世纪，并在哲学和政治方面影响了世界很大一部分地区。标准（vii）：围绕九曲溪的东亚地貌景观特别壮观——丹霞地貌。它们是长达 10 千米河流的天际线的主要景观，高于河床 200~400 米，河水清澈、幽深。古老的悬崖峭壁是该遗产地的另一个重要特色，让游客可以在上鸟瞰河流。标准（x）：武夷山是世界上最重要的亚热带森林之一。它是最大的、最完整的、最典型的且植物多样性丰富的中国亚热带森林和中国南部热带雨林的代表。	China 中国
10	Pyrénées - Mont Perdu 比利牛斯—珀杜山	NC	1997	（iii）（iv）（v）（vii）（viii）比利牛斯—珀杜山，这处雄伟壮观的高山景观，横跨法国与西班牙当前的国界，以海拔 3 352 米的石灰质山——珀杜山顶峰为中心，方圆 30 639 公顷。在西班牙境内的是欧洲两个最大最深的峡谷，而在法国境内更加陡峭的北坡上则是三个大片环形屏障，充分代表了这里的地质地貌。除了雄伟的山脉，这个地区还有着恬静的田园风光，反映了农业生活方式，这种生活方式曾在欧洲高地非常普遍，而今却仅存于比利牛斯地区。在这里，可以通过村庄、农场、原野、高地牧场和崎岖的山路这些独特的景观，去回顾久远的欧洲社会。委员会根据标准（vii）和（viii）将比利牛斯—珀杜山作为《自然遗产》。珀杜山的石灰质地块展示了典型的地貌，包括幽深的峡谷、壮观的冰斗墙。它同样也处于特殊的风景区，这里有草甸、湖泊、洞穴和生长在山坡上的森林。考虑到其文化价值，委员会还根据标准（iii）、（iv）和（v）将其列为文化及自然遗产：比利牛斯—珀杜山绵延于法国和西班牙两国国界，将风景与社会科学-经济结构结合起来，是突出的文化景观，该景观植根于过去的山区生活，这种生活方式在欧洲已经非常罕见。	France 法国 Spain 西班牙

编号	遗产地名称	类型	入选时间/年份	入选标准	国家
11	Ecosystem and Relict Cultural Landscape of Lopé-Okanda 洛佩—奥坎德生态系统与文化遗迹景观	NC	2007	(iii) (iv) (ix) (x)	洛佩—奥坎德生态系统与文化遗迹景观展示了保护完好的茂密热带雨林与稀树热带草原环境之间的奇妙结合，这里的物种丰富，包括濒危的大型哺乳动物，是多种生物的栖息地。该遗址展现了生物及其栖息地适应冰川后期气候变化的生态和生物进程。这里有不同民族相继生活的证据，它们在山岭、岩洞和庇护所周围留下了大量保存比较完好的居住遗迹，同时还有炼铁的遗迹，遗迹约 1 800 幅杰出的岩石雕刻。该遗产包括新石器时代和铁器时代遗址，还有岩刻艺术，共同反映了班图人（Bantu）和西非其他民族沿奥果韦河谷（the River Ogooué valley）向茂密的常绿刚果森林北部，再到中东部和南部非洲的主要迁徙路线，这一迁徙抒写了撒哈拉以南非洲的发展。这是加蓬列入世界遗产的第一处遗址。 标准（iii）：该考古遗址绵延在奥果韦河山谷中，展现了 400 000 年的历史（几乎是连续的历史），洛佩—奥坎德生态系统与文化遗迹景观提供了中部非洲文化向大西洋延伸的最早记录，它显示了早期驯化植物、动物和森林资源的利用的证据。 标准（iv）：新石器时代和铁器时代遗址，以及岩石艺术似乎反映了奥果韦河山谷沿岸的 Bantu 民族和其他民族向茂密的常绿刚果森林迁徙，从非洲西部向非洲中东部和南部迁徙的重要路线，塑造了整个撒哈拉以南非洲的发展。铁器时代遗址和森林为森林群落的演化与当今人类的联系提供了证据。 标准（ix）：该遗产地展现了森林和热带稀树草原之间的不同寻常的奇妙结合，展现了生物及其栖息地适应冰川后期气候变化的生态和生物进程。物种和栖息地的多样性是自然进化的结果，同样也是人类和自然长期相互作用的结果。	Gabon 加蓬
12	Meteora 曼代奥拉	NC	1988	(i) (ii) (iv) (v) (vii)	曼代奥拉，从 11 世纪起，一些修道士就在这个几乎不可能抵达的砂岩峰地区定居了下来，住在"天空之柱"上。15 世纪，隐士思想大复兴，这些修道士克服了超乎想象的困难，在这里修建了 24 座修道院。这里的 16 世纪壁画代表了后拜占庭绘画艺术发展的一个重要阶段。 标准（i）：多样的栖息地、森林和稀树热带草原生态系统之间的复杂关系使该地的生物多样性非常高，使其成为刚果热带雨林生物地理省植物多样性和复杂性最突出的地区。	Greece 希腊

编号	遗产地名称	类型	入选时间/年份	入选标准		国家
13	Mount Athos 阿索斯山	NC	1988	（i）（ii）（iv）（v）（vi）（vii）	阿索斯山自 1054 年以来就是东正教的精神中心，从拜占庭时期起就拥有独立的法律。这座"圣山"禁止妇女和儿童进入，也是一个艺术宝库。这些修道院（约有 20 座修道院，住着 1 400 名修道士）的规划设计影响远达俄罗斯，其绘画流派甚至影响了东正教艺术史。 标准（i）：从一座山到一个圣地的转变使阿索斯山成为独特的艺术创造，将自然美景与建筑创造结合在一起。 标准（ii）：阿索斯山对东正教产生了深远的影响，是东正教的精神中心，是在宗教建筑和纪念性绘画的发展。Athonite 寺院的典型布局在俄罗斯都有应用。 标准（iv）：阿索斯山的寺庙呈现了东正教的建筑特点：由塔形成的方形、矩形或梯形，是该地区交汇的中心，独树一帜。 标准（v）：阿索斯山的寺庙保存了人类的居住传统，代表了地中海农耕文化，但是在当代社会的影响下，已经变得很脆弱了。 标准（vi）：自 10 世纪以来，就是东正教的精神中心，阿索斯圣山在 1054 年成为东正教教堂的重要精神家园。甚至在君士坦丁堡 1453 年衰落和 1589 年莫斯科的独立父权制建立后，其仍具有重要作用。 标准（vii）：几个世纪以来，传统的农耕和林业的协同作用与寺庙的建筑特点有关，其结果是更好地保护了地中海的森林和相关植物种群。		Greece 希腊
14	Tikal National Park 蒂卡尔国家公园	NC	1979	（i）（iii）（iv）（ix）（x）	蒂卡尔国家公园，在丛林心脏地带的繁茂植被环绕下，坐落着玛雅文明的主要遗址之一。自公元前 6 世纪到公元 10 世纪，这里一直有人居住。作为一个举行仪式的场所，这里不但有华丽而庄严的庙宇和宫殿，也有公共的广场，可沿坡道进入。周围的乡村内还零散保留着一些民居的遗迹。		Guatemala 危地马拉
15	Wadi Rum Protected Area 瓦迪拉姆保护区	NC	2011	（iii）（v）（vii）	瓦迪拉姆保护区，作为自然与文化混合遗产列入名录，位于约旦南部，靠近沙特阿拉伯边界，占地 74 000 公顷。瓦迪拉姆保护区一系列形态各异的沙漠景观由狭窄的峡谷、天然拱门、高耸的峭壁、坡道、巨型滑坡和洞穴所组成。保护区内的岩画、碑文和考古遗迹显示了人类在过去 12 000 年的时间里在此的生活，以及与自然环境互动的证据。25 000 个石刻与 20 000 个碑文为追溯人类思想的发展及早期字母的演变提供了可能。遗址展现了该地区牧业、农业和城市活动的发展。		Jordan 约旦

编号	遗产地名称	类型	入选时间/年份	入选标准	国家
15	Wadi Rum Protected Area 瓦迪拉姆保护区	NC	2011	（iii）（v）（vii）	标准（iii）：瓦迪拉姆保护区的岩画、碑铭和考古证据被认为是早期人类的文化传统的见证。这里有25 000个岩画、20 000个碑文和154个考古遗址，为至少12 000年的居住和土地利用提供了证据。 标准（v）：瓦迪拉姆保护区多样化的地貌在促进人类居住方面起着重要作用。岩画、碑铭和集水系统记录了种群的定居，这对迁移牧业和农业有重要作用，成为人类与阿拉伯半岛沙漠东部半干旱地区相互作用的一部分。 标准（vii）：瓦迪拉姆保护区是全球公认的标志性沙漠景观，因其壮观的砂岩山脉和峡谷、天然拱门、高耸的悬崖、巨大的山体滑坡和洞穴而出名。	Jordan 约旦
16	Maloti-Drakensberg Park 马洛蒂山公园	NC	2013	（i）（iii）（vii）（x）	马洛蒂山公园是南非的hahlamba Drakensberg国家公园和莱索托的Sehlathebe国家公园的过渡地带。该遗产地自然景观美丽，由沙岩和页岩构成，上面覆盖着玄武岩，金色砂岩城墙以及视觉上壮观的雕塑拱门，洞穴，峭壁，柱子和岩石池。多样的栖息地保护着当地特有物种和全球重要物种。该遗产地还有濒危物种，例如普秃鹰、大胡子秃鹰（胡兀鹫）。莱索托的Sehlathebe国家公园还有马洛蒂鲶鱼，一种仅在该公园发现的濒危鱼类物种。壮观的自然遗产包含许多洞穴和岩石庇护所，里面有南非撒哈拉最大的岩画。它们代表了在这个地区生活了4 000多年的人们的精神生活。 标准（i）：德拉肯斯的岩画是撒哈拉以南非洲最大和最密集的岩画，无论在质量还是在种类方面都十分突出。 标准（iii）：桑人在德拉肯斯山区居住了4 000多年，留下了重要的岩画，这些岩画反映了他们的生活方式和信仰。 标准（vii）：该遗产地自然景观美丽，因为这里有玄武岩、金色砂岩城墙以及壮观的雕塑拱门。高海拔的草原、纯净陡峭的河谷和岩石峡谷也组成了这里的自然美景。 标准（x）：该遗产地有重要的天然栖息地，生物多样性丰富。其物种特别丰富，尤其是植物物种。它被认为是全球植物多样性和特有物种的中心，这些物种都分布在其自身的地理区域——南非德拉肯斯高寒地区内。	Lesotho 莱索托 South Africa 南非

编号	遗产地名称	类型	入选时间/年份	入选标准	国家
17	Cliff of Bandiagara（Land of the Dogons）邦贾加拉悬崖（多贡斯土地）	NC	1989	（v）（vii）	邦贾加拉悬崖（多贡斯土地），邦贾加拉的突出地形是悬崖和沙土高原，悬崖上建有大型建筑（房屋、粮仓、圣坛、神殿和集会厅）。这里现在仍然保留着许多悠久的传统（面纱、集会、祭祀仪式等）。正是这些建筑学、考古学和人类学的价值，以及优美的风景，使邦贾加拉高地成为最具西非地质地貌特征的地方之一。 标准（v）：多贡斯土地与传统宗教有关，与建筑物很好地融合在一起，是杰出的自然景观和令人印象深刻的地质地貌。 标准（vii）：峭壁和碎岩石组成了非洲西部的独特和绝美景观。该遗产地多样地貌（高原、悬崖和平原）的特点是天然历史遗迹（洞穴、沙丘和岩石庇护地），它们见证了不同侵蚀现象的持续影响。	Mali 马里
18	Tongariro National Park 汤加里罗国家公园	NC	1990	（vi）（vii）（viii）	汤加里罗国家公园，1993 年，汤加里罗成为第一处根据修改后的文化景观标准被列入《世界遗产名录》的遗址。地处公园中心的群山对毛利人具有文化和宗教意义，象征着毛利人社会与外界环境的精神联系。公园里有活火山、死火山和不同层次的生态系统以及非常美丽的风景。	New Zealand 新西兰
19	Rock Islands Southern Lagoon 洛克群岛-南部潟湖	NC	2012	（iii）（v）（vii）（ix）（x）	洛克群岛-南部潟湖（帕劳）遗址占地达 100 200 公顷，由 445 个无人居住的、火山形成的石灰岩岛构成，许多岛屿呈现为独特的蘑菇状，在其周围环绕着松绿色的潟湖与珊瑚礁。拥有 385 种以上珊瑚及各种生物栖息地的复杂珊瑚礁系统为这一遗产增添更多的美学价值。这里的珊瑚礁系统还为多样性的植物、鸟类及其他海洋生物如海牛及至少 13 种鲨鱼提供了栖息之地。世界上没有其他地方像这一遗产地一样，密集着大量的海湖，它们是被陆地屏障与大洋隔开的海洋水体。以上都是洛克群岛独有特点中的一些。这里养育着大量本地独有的物种，并且还有更多的新物种等待进一步的发掘。 标准（iii）：洛克群岛的洞穴堆积、墓葬、岩画、被遗弃的村庄遗迹和贝冢，见证了小岛屿的生物群落和 3 000 年的海洋资源发展。 标准（v）：洛克群岛被遗弃的 17、18 世纪的村庄是人类定居时遗留下来的，也是洛克群岛南部潟湖海洋捕捞活动的证据，是气候变化、人口增长和海洋环境下生存的结果。	Palau 帕劳

编号	遗产地名称	类型	入选时间/年份	入选标准		国家
19	Rock Islands Southern Lagoon 洛克群岛-南部潟湖	NC	2012	(iii)(v)(vii)(ix)(x)	标准（vii）：洛克群岛南部潟湖在有限面积的区域内，有多样的栖息地。屏障和岸礁、渠道、隧道、洞穴、拱门和洞穴的数量是世界上最多的和密度是世界上最大的，是多种海洋生物的家园。 标准（ix）：洛克群岛南部潟湖有 52 条海洋湖泊，比世界上其他地方都要多。此外，该遗产地在不同地质和生态发展阶段的海洋湖泊多种多样，从与海连接的湖到孤立的湖，有独特和特有物种。 标准（x）：洛克群岛南部潟湖生物多样性极高，海洋栖息地丰富。海洋湖泊数量多，密度大，而且它们存在于不同的自然环境之下。这里的捕捞压力小，污染小，人为影响小，珊瑚礁栖息地种类多，使其成为保护珊瑚礁的重要地点，包括珊瑚礁生物群适应气候变化的重要地方，也是该地区珊瑚礁幼虫的来源。	Palau 帕劳
20	Historic Sanctuary of Machu Picchu 马丘比丘古庙	NC	1983	(i)(iii)(vii)(ix)	马丘比丘古庙位于一座非常美丽的高山上，海拔2 430 米，为热带丛林所包围。该庙可能是印加帝国全盛时期最辉煌的城市建筑，那巨大的城墙、台阶、扶手都好像是在悬崖峭壁自然形成的一样。古庙矗立在安第斯山脉东边的斜坡上，环绕着亚马孙河上游的盆地，那里的动植物非常丰富。 标准（i）：马丘比丘古庙的印加城市是周围地区的中心，是印加文明艺术、城市规划、建筑和工程的杰出作品。华亚马丘比丘山脚下与周围的自然环境很好地融合在一起，好似是自然的延伸。 标准（iii）：马丘比丘古庙是印加文明的见证，显示了精心设计的内部空间、土地管理、社会、生产、宗教和行政组织的分布。 标准（vii）：马丘比丘古庙是历史悠久的古迹，嵌入风景优美的地貌景观，是人类文化与自然长期和谐相处的杰出范例。 标准（ix）：安第斯山脉和亚马孙河流之间的过渡地带，马丘比丘古庙的小气候、栖息地和动植物物种丰富多样。该遗产地被一致认为是具有全球重要意义的生物多样性保护地。	Peru 秘鲁
21	Río Abiseo National Park 里奥阿比塞奥国家公园	NC	1990	(iii)(vii)(ix)(x)	里奥阿比塞奥国家公园建于 1983 年，目的是为了保护安第斯山脉潮湿森林里特有的动物和植物。该公园里的动植物具有很强的当地特色，这里还发现过以前被认为已经绝种的黄尾毛猴。自 1985年以来进行的研究，已经发现 36 个前所未知的考古地点，均位于 2 500～4 000 米的高度，这非常有利于对印加帝国以前当地社会的了解。	Peru 秘鲁

编号	遗产地名称	类型	入选时间/年份	入选标准	国家
22	Ibiza，Biodiversity and Culture 伊维萨岛的生物多样性和特有文化	NC	1999	（ii）（iii）（iv）（ix）（x）伊维萨岛的生物多样性和特有文化提供了一个海洋生态系统和沿海生态系统之间相互作用的极好范例。伊维萨岛边地中海盆地所特有的波西多尼亚海草生长茂盛，蕴含和支撑着海洋生物的多样性。另外，伊维萨岛的历史遗迹保存完好。萨·卡莱塔聚居地考古遗址和普伊格·德斯·墨林斯墓地遗址证实了一点：在史前，特别是腓尼基-迦太基时期，伊维萨岛对于地中海经济发展起到了非常重要的作用。坚固的高城要塞是文艺复兴时期军事建筑的杰出范例，对于西班牙殖民者在新大陆的防御性建筑发展具有极其深远的影响。 标准（iii）：Sa Caleta 的 Phoenician 遗址和 Puig des Molins 的腓尼基人-迦太基墓地是地中海西部腓尼基群落城市化和社会生活的证据。由于腓尼基人和迦太基人坟墓种类和数量多，而成为重要的独特资源。 标准（iv）：伊维萨的上城是森严的雅典卫城的杰出范例，其以一种独特的方式保护着它的城墙、腓尼基人最早的定居点和文艺复兴时期的堡垒。搭建防御城墙的漫长过程并没有破坏早期的街道，但是却在最后阶段将其融合。 标准（ix）：伊维萨岛海岸线的演变是沿海生态系统和海洋生态系统相互作用影响下的杰出范例。 标准（x）：保护完好的 Posidonia 在地中海的大多数地区都受到威胁，在这里有丰富多样的海洋生物。	Spain 西班牙
23	Laponian Area 拉普人区域	NC	1996	（iii）（v）（vii）（viii）（ix）拉普人区域，瑞典北部北极圈地区是萨米人或拉普人的家园。这里是最大的也是最后一个人们按照祖传方式进行生活的地区，这种生活以牲畜周期性的迁移为基础。每年夏天，萨米人赶着他们的驯鹿群穿越自然风景区走向大山，这些风景区至今还保存着，如今却受到汽车的威胁。我们可以从冰碛和水流路线的改变中看到历史和现今的地质作用。 委员会根据自然遗产标准（vii）、（viii）、（ix）和文化遗产标准（iii）、（v）提名拉普人区域。委员会认为该遗产地由于包含正在进行的地质、生物和生态过程，自然风景美丽，生物多样性显著，包括棕熊和高山植物而具有突出的普遍价值。委员会注意到该遗产地符合整体性的所有条件。该遗产地从史前时代就一直被萨米人占据着，是对新的，无疑也是最大的和保护最完整的季节性牲畜移动放牧地之一，包括夏季的驯鹿群。季节性牲畜移动放牧可以追溯到人类经济和社会发展的早期阶段。	Sweden 瑞典

编号	遗产地名称	类型	入选时间/年份	入选标准	国家
24	Ngorongoro Conservation Area 恩戈罗恩戈罗自然保护区	NC	1979	（iv）（vii）（viii）（ix）（x）	恩戈罗恩戈罗自然保护区，巨大完整的恩戈罗恩戈罗火山口是野生动物出没的地方，附近是注满了深水的恩帕卡艾火山口和盖伦活火山。在距此不远的奥杜瓦伊山谷的挖掘工作中，发现了人类的远祖之一哈比利斯人的遗址，Laitoli 遗址也在该区域内，它也是 360 多万年前原始人类活动的主要区域之一。 标准（iv）：恩戈罗恩戈罗保护区有与人类进化和人类环境变化有关的长期证据，从 400 万年前到这个时代的开端，包括人类进化中最重要的关键性证据。 标准（vii）：恩戈罗恩戈罗火山口的壮丽景观结合其野生动物的密度使其成为地球上最伟大的自然奇观之一。牛羚数量众多，数量超过 100 万，是整个塞伦盖蒂生态系统每年迁徙的牛羚的一部分，这些牛羚在横跨恩戈罗恩戈罗保护区/塞伦盖蒂国家公园的边界进行繁殖。 标准（viii）：恩戈罗恩戈罗火山口是世界上最大的不间断的火山口。火山口 Imoti 和 Empakaai 陨石坑是东部裂谷的一部分，其火山活动可以追溯到中生代晚期和第三纪早期，是地质学的重要部分。 标准（ix）：气候、地貌和海拔的变化导致了几个重叠的生态系统和独特的栖息地，包括长有矮草的平原、高地集水区的森林、稀树草原林地、长草的山地平原和开放的高沼地。 标准（x）：恩戈罗恩戈罗保护区是大约 2 500 个大型动物（多数是有蹄子的动物）的家园，非洲地区哺乳动物密度最高的地区，包括密度最大的狮子（1987 年估算有 68 只）。	Tanzania, United Republic of 坦桑尼亚联合共和国
25	Natural and Cultural Heritage of the Ohrid region 奥赫里德地区文化历史遗迹及其自然景观	NC	1979	（i）（iii）（iv）（vii）	奥赫里德地区文化历史遗迹及其自然景观，奥赫里德镇坐落在奥赫里德湖边，是欧洲最古老的人类聚居地之一。它建于公元 7 世纪至 19 世纪，拥有最古老的古斯拉夫修道院和 800 多幅 11 世纪至 14 世纪末的拜占庭风格的画像。奥赫里德镇被誉为仅次于莫斯科托里托拉可夫画廊之后世界上最重要的收藏地。	the Former Yugoslav Republic of Macedonia 前南斯拉夫的马其顿共和国

编号	遗产地名称	类型	入选时间/年份	入选标准	国家
26	Göreme National Park and the Rock Sites of Cappadocia 希拉波利斯和帕姆卡莱	NC	1985	希拉波利斯和帕姆卡莱，从平原上 200 米高的岩石中流出的泉水和水中的方解石形成了帕姆卡莱（土耳其语中意为"棉花宫殿"）这一特殊地貌。它由石林、石瀑布和一系列的梯形盆地组成。公元前 2 世纪末，阿塔利德斯王朝的帕加马国王建立了希拉波利斯温泉站。这处遗址包括浴室的废墟、庙宇和其他希腊建筑。 标准（i）：由于其质量和密度，帕姆卡莱保护区成为了拜占庭艺术时期的不可替代的独一无二的艺术成就。 标准（iii）：房屋、村庄、修道院和教堂都保留了 4 世纪拜占庭帝国的形象。因此，它们是已消失文明的重要痕迹。 标准（v）：帕姆卡莱是在自然侵蚀和最近的旅游业的综合影响下变得越来越脆弱的传统人类居住地的杰出范例。 标准（vii）：壮观的景观展示了侵蚀的力量，希拉波利斯峡谷及其周围的景观展示了全球知名的石林地貌和自然侵蚀，该遗产地自然景观美丽，自然元素与文化元素共存造就了这样的美丽景观。	Turkey 土耳其
27	Hierapolis-Pamukkale 赫拉波利斯和帕穆克卡莱	NC	1988	赫拉波利斯和帕穆克卡莱，从平原上 200 米高的岩石中流出的泉水和水中的方解石形成了帕穆克卡莱（土耳其语中意为"棉花宫殿"）这一特殊地貌。它由石林、石瀑布和一系列的梯形盆地组成。公元前 2 世纪末，阿塔利德斯王朝的帕加马国王建立了希拉波利斯温泉站。这处遗址包括浴室的废墟、庙宇和其他希腊建筑。 标准（iii）：赫拉波利斯是在杰出自然遗产地上安装希腊-罗马热力装置的杰出范例。各种各样的热力装置具有对疾病的水域治疗功能，这些装置包括巨大的热水池和游泳池。 标准（iv）：赫拉波斯的基督教古迹，是在 4 世纪和 6 世纪间拔地而起的，成为了早期基督教建筑群的杰出范例，该基督教建筑群有大教堂、洗礼堂和教堂。最重要的纪念碑坐落在城市的西北墙外，这个纪念碑就是圣菲利浦的 Martyrium。 标准（vii）：从平原上 200 米高的岩石中流出的泉水和水中的方解石形成了帕穆克卡莱。它由一系列的瀑布、钟乳石和梯形瀑布组成，其中有些不到 1 米，有些高达 6 米。	Turkey 土耳其

编号	遗产地名称	类型	入选时间/年份	入选标准	国家
28	St Kilda 圣基尔达岛	NC	1986	(iii) (v) (vii) (ix) (x)	United Kingdom of Great Britain and Northern Ireland 英国
29	Papahānaumokuākea 帕帕哈瑙莫夸基亚国家海洋保护区	NC	2010	(iii) (vi) (viii) (ix) (x)	United States of America 美国

编号 28 入选标准栏内容：

圣基尔达岛，1986 年，圣基尔达岛由于其自然特色和野生动物被首次列入《世界遗产名录》。现在这里又被列为文化遗产地，成为一项综合性遗产。这片火山群岛包括 4 个岛屿，分别是赫塔岛、丹村岛、索厄岛和博雷岛，自 1930 年以来就无人居住。这里保留着人类在赫布里底群岛的极端条件下在此生活两千多年的证据。人类生活遗迹包括建筑结构、农田系统和传统的高地石屋。这些展示了当地经济易遭破坏的遗迹，这种经济建立在鸟类、农业和牧羊产品的基础上，仅供维持生存。

标准（iii）：圣基尔达岛是 2 000 多年来在极端条件下有人类居住的特殊见证。

标准（v）：圣基尔达岛的文化景观是根据鸟类、农业和牧羊产品的经济而产生的土地利用。

标准（vii）：圣基尔达岛的景观尤其壮观，是火山活动、风化和冰川作用下产生的壮观岛屿景观。陡峭的悬崖、海蚀柱，以及海底景观都集中在一个紧凑的群体里，具有独特的风格。

标准（ix）：圣基尔达岛是在一个相对较小的区域内但鸟类密度非常高的遗产地的独特范例，该遗产地的生态位复杂且多样。该遗产地的三个海岸复杂生物性的动态特点对于保护陆地和生物多样性十分重要。

标准（x）：圣基尔达岛是北大西洋和欧洲的重要遗产地之一，该岛对于 1 000 000 只海鸟都很重要。对于塘鹅、海鹦和暴风鹱尤其具有重要意义。海草地和水下栖息地也很重要，是总体岛屿环境的一个组成部分。野生 Soay 羊也是重要的稀有物种，是具有潜力的基因资源。

编号 29 入选标准栏内容：

帕帕哈瑙莫夸基亚国家海洋保护区，帕帕哈瑙莫夸基亚（Papahānaumokuākea）由一群线性排列的低海拔小岛和环礁及其附近海域组成，位于夏威夷主群岛以西约 250 千米处，跨度超过 1 931 千米。对现存的夏威夷原住民文化来说，该遗址作为祖先生存的环境，深含着宇宙精髓与传统意义，它体现了夏威夷人概念中的人类与自然世界的亲缘关系。这里是生命的摇篮，也是死后魂灵回归之所。在遗址中的尼豪岛（Nihoa）与马库马纳马纳岛（Makumanamana）上，人们还发现了欧洲殖民前的人类定居点及其功用的考古遗迹。此外，帕帕哈瑙莫夸基亚主要由远洋和深海生物的栖息地所组成，其中包括海底山脉和海底沙滩、广阔的珊瑚礁和大面积的潟湖等。它是世界上最大的海洋保护区之一。

编号	遗产地名称	类型	入选时间/年份	入选标准	国家
29	Papahānaumokuākea 帕帕哈瑙莫夸基亚国家海洋保护区	NC	2010	（iii）（vi）（viii）（ix）（x）	标准（iii）：保存完好的尼豪岛（Nihoa）与马库马纳马纳（Makumanamana）以及与之相关的生活传统对于夏威夷岛是特别的，但是由于处于3 000年历史的太平洋/波利尼西亚的 marae—ahu 文化中，它们被认为是见证了夏威夷、塔希提岛和马克萨斯之间由于长期移民而产生了文化联系。 标准（vi）：与帕帕哈瑙莫夸基亚国家海洋保护区相关联的活力和永恒的信念在亚太社会文化信仰的发展中具有突出重要意义，对深刻认识古老的 marae—ahu 具有关键作用，例如瑞亚堤亚岛、波利尼西亚的"中心"的发现。 标准（viii）：该遗产地热点岛屿进化的杰出范例，是相对固定的热点和相对稳定的板块运动的结果。是世界上最长和最古老的火山链的重要组成部分，帕帕哈瑙莫夸基亚国家海洋保护区地质过程的规模、独特性和线性特点都是无与伦比的，塑造了我们对板块和热点的理解。 标准（ix）：该遗产地的广阔地域涵盖多种栖息地，从低于海平面4 600米到海平面275米以上的海平面，包括深海区、海山和水下海岸、珊瑚礁、浅潟湖、沿海海岸、沙丘、干草原、灌丛和高盐度湖泊。 标准（x）：帕帕哈瑙莫夸基亚国家海洋保护区的海洋和陆地栖息地对于许多高于或完全依赖于该地区的濒危物种和脆弱物种的生存至关重要。包括极度濒危的夏威夷僧海豹，4种特有种鸟类（莱岛鸭，莱桑拟管舌鸟，尼岛拟管舌雀和夏威夷苇莺），以及六种濒危植物，如蒲葵。帕帕哈瑙莫夸基亚国家海洋保护区对于许多其他物种而言，也是一个重要的喂养、筑巢和栖息的地方，包括海鸟、海龟和鲸目动物。每年有550万只海鸟在纪念碑旁筑巢，1 400万只海鸟在不同季节居住在这里，是世界上最大的热带海鸟群栖息地，包括世界上99%的黑背信天翁——脆弱物种和世界上98%的黑腿信天翁——濒危物种。尽管同许多其他珊瑚礁环境相比，物种多样性相对较低，但是该遗产地对就地生物多样性保护价值非常高。	United States of America 美国

编号	遗产地名称	类型	入选时间/年份	入选标准	国家
30	Ancient Maya City and Protected Tropical Forests of Calakmul，Campeche 坎佩切卡拉科姆鲁玛雅城和受到保护的热带森林	NC	2002	（i）（ii）（iii）（iv）（vi）（ix）（x）	卡拉科姆鲁建立在墨西哥南部的铁拉斯巴扎斯的热带森林深处的一个重要的玛雅遗址，在这个地区十二个多世纪的历史中扮演着关键的角色。雄伟的建筑结构及其独特的整体布局保存得非常完好，给世人展现了一幅生动的古玛雅首都的生活画面。该遗产地也同样位于世界第三大的 Mesoamerica 生物多样性热点区域之内，区域内包含从墨西哥中部到 Panama Canal 的所有亚热带和热带生态系统。	Mexico 墨西哥
31	Trang An Landscape Complex 长安景观	NC	2014	（v）（vii）（viii）	长安景观坐落于红河三角洲的南边缘附近，其景观特点是壮观的石灰岩卡斯特山峰和山谷，其中许多山峰被陡峭、几近垂直的悬崖所包围。不同海拔高度的洞穴是揭示了 30000 多年连续历史阶段中的人类历史活动。通过季节性的采集者阐释了这些山峰的占有期，以及他们如何适应重要的气候和环境变化，尤其是后冰期时代频繁发生的洪水。人类在新石器时代和青铜器时代，一直到越南古都 Hoa Lu（公元前 10 世纪和 11 世纪在此建立）时代，都一直占有这些洞穴。该遗产地同样也包含寺庙、宝塔、稻田和小村庄。	Viet Nam 越南

第三章 世界自然遗产分类

第一节 已有可参考的分类系统

构建世界自然遗产的分类系统是一个十分复杂的问题。目前，联合国教科文组织（UNESCO）对于世界自然遗产的分类并没有明确的说法。国际上也没有统一的分类系统。国内外大部分学者一般都是根据《保护世界文化和自然遗产公约操作指南》中规定的世界自然遗产 4 条入选标准将世界自然遗产分为四个类型。本书前面已经论述过，这样的分类系统在操作的时候存在无法解决的问题，很多同时符合两条、三条和四条入选标准进入《世界遗产名录》的世界自然遗产将无法准确归类。因此，这样的分类系统是存在弊端的。

一方面，纵观目前《世界遗产名录》上的 197 个世界自然遗产、31 个世界自然与文化双遗产，可以发现世界自然遗产有很多的生物保护区、生物圈保留地、国家公园、重要地质遗迹等；另一方面，根据接受访谈的专家提出的专业建议（附录 2），本书细致分析了关于联合国教科文组织的世界地质公园的分类系统、世界自然保护联盟（IUCN）的保护区分类系统、国家地质公园的分类系统、自然保护区分类系统、风景名胜区分类系统、地质遗迹分类系统[1]等（表 3-1）。

联合国教科文组织的世界地质公园的分类系统、世界自然保护联盟的保护区分类系统、国家地质公园的分类系统、自然保护区分类系统、风景名胜区分类系统、地质遗迹分类系统虽然已经很成熟，且受到业内专家与学者的一致认可。但是，一方面，这些分类系统存在部分归类方案有重叠现象和某些小类归类不当的问题（如《国家地质公园（地质遗迹）调查技术要求》）；另一方面，这些地质公园、国家公园、自然保护区、风景名胜区等不能完全等同于《保护世界文化自然遗产公约》中的世界自然遗产，因此，需要在这些分类系统的基础上，建立单独的世界自然遗产分类系统。

---

① 李烈荣，姜建军，王文. 中国地质遗迹资源及其管理[M]. 北京：中国大地出版社，2002.

表 3-1　世界自然遗产可参考的分类系统分析表

名称	类型划分	依据
UNESCO 关于世界地质公园的分类系统	地质与采矿、工程地质、地球历史、地貌、冰川地质、水文地质、矿物、古生物、岩相学、沉积学、土壤科学、地层学、构造地质学和火山学，同时还列出了地理学、考古学、人类学及教学基地等①	根据学科分类，强调学科特征
世界自然保护联盟（IUCN）的保护区分类系统	严格保护区/荒野保护区、严格自然保护区、荒野地保护区、国家公园、自然纪念物保护区、生境物种管理保护区、陆地和海洋景观保护区、资源管理保护区	自然保护区的性质和任务进行分类
国家地质公园分类系统 1	国土资源部地质环境司编写的《中国国家地质公园规划编制技术要求》（2009）将中国国家地质公园的地质景观分为七大类，即地质（体、层）剖面、地质构造、古生物、矿物与矿床、地貌景观、水体景观、环境地质遗迹景观②	依据较直观的景观自然分类
国家地质公园的分类系统 2	国土资源部地质环境司编写的《国家地质公园（地质遗迹）调查技术要求》（讨论稿）（2002）将国家地质公园（地质遗迹）分为十类：地层类、构造遗迹类、岩石遗迹类、矿床（产）遗迹类、矿物遗迹类、化石遗迹类、史前人类遗存类、地质作用遗迹类、地质灾害遗迹类、地貌遗迹类③	造成遗迹的动力因素、主体物质组成及成因
自然保护区分类系统 1	具有代表不同自然地带典型的自然综合体及其生态系统或遭破坏亟待恢复和更新的同类地区、具有本国特产的或世界性珍贵稀有物种、具有重要经济意义而濒临灭绝的生物种的地方、具有其他特殊意义的地区、具有科学教育和文化上有必要保护的地方、具有自然历史遗迹、名胜风景或革命历史圣地等所在地外围的自然环境和文化景观的地区④	依据保护对象
自然保护区分类系统 2	《自然保护区类型与级别划分原则》第 3 条对我国自然保护区的类型划分进行了规定，将自然保护区分成三个类别 9 个类型：自然生态系统类别（包括森林生态系统、草原与草甸生态系统、荒漠生态系统、内陆湿地和水域生态系统类型、海洋和海岸生态系统类型）、野生生物类别（包括野生植物类型、野生动物类型）、自然遗迹（包括地质遗迹类型、古生物遗迹类型）⑤	自然保护区的主要保护对象
风景名胜区分类系统	《风景名胜区分类标准》中将风景名胜区分历史圣地类、山岳类、岩洞类、湖泊类、江河类、海滨海岛类、特殊地貌类、城市风景类、生物景观类、壁画石窟类、纪念地类、陵寝类、民俗风情类、其他类 14 类⑥	依据其主要特征和核心价值
地质遗迹分类系统 1	《全国重要地质遗迹调查技术要求（2010 年 10 月试行稿）》将地质遗迹分为三个大类 13 个亚类：基础地质遗迹大类地质遗迹（包括地层剖面、岩石剖面、构造剖面、重要化石产地、重要岩矿石产地）、地貌景观大类地质遗迹（包括岩土地貌、水体地貌、构造地貌、火山地貌、冰川地貌和海岸地貌）、地质灾害大类地质遗迹（包括地震遗迹、其他地质灾害）	学科和成因及特征
Dingwall 等学者的分类系统	Dingwall 等学者将地质世界遗产根据其意义分为 13 类：构造、火山、山脉、地层、化石、河湖三角洲、喀斯特、海岸、礁-海岛、冰川、冰期、干旱半干旱沙漠、陨石冲击⑦	地学意义

注：1、2 是为了区分，即关于国家公园的分类系统有两个，由不同的部分构建、发布，但是都为界内认可的分类系统，所以会有 1、2 之分。

---

①赵汀，赵逊. 地质遗迹分类学及其应用[J]. 地球学报，2009，30（3）：309-324.

②《国家地质公园（地质遗迹）调查技术要求》（讨论稿）（2002）.

③齐岩辛，许红根，江隆武，等. 地质遗迹分类体系[J]. 资源·产业，2004，6（3）：55-58.

④周耀林，王三山，倪婉. 世界遗产与中国国家遗产[M]. 武汉：武汉大学出版社，2010.

⑤《自然保护区类型与级别划分原则》（GB/T 14529—93）。

⑥《风景名胜区分类标准》（CJ/T 121—2008）。

⑦Dingwall P，Weighell T，Badman T. Geological world heritage: A global framework[M]. In Global Theme Study of World Heritage Natural Sites: Protected Area Programme，Switzerland: International Union for Conservation of Nature.

第二节　世界自然遗产分类系统初步构建

对世界自然遗产分类系统构建的基本原则是：一是能够基本涵盖《世界遗产名录》中世界自然遗产、世界自然与文化双遗产的实际类型；二是要尽量避免不同类型世界自然遗产、世界自然与文化双遗产类型的叠加和不确定性；三是具有可行性和可操作性。

根据地质公园的分类系统、自然保护区分类系统、风景名胜区分类系统、地质遗迹分类系统等中存在的问题，我们发现单一的分类依据并不能解决世界自然遗产的分类问题，因此，我们尝试利用"主要保护对象—突出景观—独特价值"的综合分类方法，初步构建世界自然遗产分类系统。经过多次专家访谈，根据其提出的建设性意见，最终将世界自然遗产分为生物多样性遗产地、基础地质遗迹遗产地、地貌景观遗产地三个类别，又将三大类别的世界自然遗产分为十个类型（表 3-2）。

表 3-2　世界自然遗产分类系统

	一级分类指标（类别）	二级分类指标（类型）	备注
世界自然遗产	生物多样性世界自然遗产（E）	自然生态系统（E1）	包括森林生态系统、草原与草甸生态系统、荒漠生态系统、内陆湿地和水域生态系统、海洋和海岸生态系统
		生物物种栖息地（E2）	包括动物物种栖息地、植物物种栖息地
	基础地质遗迹世界自然遗产（G）	化石产地（G1）	主要包括古人类化石地、古植物化石地、古动物化石地
		陨石冲击（G2）	包括陨石坑和陨石体
	地貌景观世界自然遗产（L）	岩土地貌（L1）	包括碳酸盐地貌、花岗岩地貌、变质岩地貌、碎屑岩地貌、黄土地貌、沙漠地貌、戈壁地貌、其他地貌
		水体景观（L2）	包括河流、湖泊、潭、湿地（沼泽）、瀑布、泉
		构造地貌（L3）	包括飞来峰、构造窗、峡谷
		火山地貌（L4）	包括火山椎、火山口、火山岩地貌
		冰川地貌（L5）	包括冰蚀地貌、冰积地貌
		海岸地貌（L6）	包括海蚀地貌、海积地貌

注：由于目前《世界遗产名录》中的世界自然遗产中未包含地层剖面、岩石剖面、构造剖面等基础地质遗迹，因此在基础地质遗迹世界遗产中未将这些类型纳入其中。

分类系统代码确定的规则为：一级分类指标即"类别"代码为一个大写英文字母，该字母为类别主体词英文单词的首字母，二级分类指标即"类型"代码由阿拉伯数字组成。

第四章 世界自然遗产申报现状

第一节 全球世界自然遗产分类结果分析

联合国教科文组织对《世界自然遗产名录》上的 197 个世界自然遗产、31 个世界自然与文化双遗产（截至 2014 年 12 月）都进行了评价性描述，同时阐述了这些遗产地的哪些普遍的突出的价值符合哪一条或者哪几条入选标准而进入《世界遗产名录》。本书将这些官方英文材料进行了翻译作为归类的重要依据。利用初步构建的世界自然遗产分类体系，将 197 个世界自然遗产、31 个世界自然与文化双遗产进行类型和类别的数量统计（表 4-1）。

表 4-1　世界自然遗产分类结果

一级分类指标（类别）	数量			二级分类指标（类型）	数量		
	总计	世界自然遗产	世界双遗产		总计	世界自然遗产	世界双遗产
生物多样性世界自然遗产（E）	130	117	13	自然生态系统（E1）	81	72	9
				生物物种栖息地（E2）	49	45	4
基础地质遗迹世界自然遗产（G）	13	12	1	化石产地（G1）	11	10	1
				陨石冲击（G2）	2	2	0
地貌景观世界自然遗产（L）	85	68	17	岩土地貌（L1）	32	22	10
				水体景观（L2）	12	11	1
				构造地貌（L3）	7	5	2
				火山地貌（L4）	20	17	3
				冰川地貌（L5）	9	8	1
				海岸地貌（L6）	5	5	0

根据世界自然遗产的分类结果可以发现，目前《世界遗产名录》上的世界自然遗产、世界自然与文化双遗产中，生物多样性类别（E）的世界自然遗产和双遗产的数量为130个，基础地质遗迹类别（G）的世界自然遗产和双遗产的数量是13个，地貌景观类别（L）的世界自然遗产和双遗产的数量是85个，分别占总量的57%、6%和37%。由此可知，超过半数的遗产地都是生物多样性世界自然遗产地（E），而化石产地和陨石冲击（陨石坑和陨石体）等基础地质遗迹世界遗产（G）数量较少，所占比例仅为6%（图4-1）。

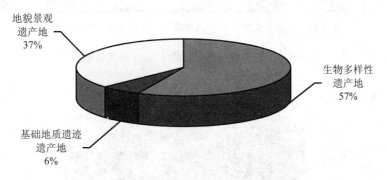

图4-1　世界自然遗产各类型数量分布

在130个生物多样性世界自然遗产（E）中，自然生态系统类型（E1）的世界自然遗产数量大约是生物栖息地类型（E2）的世界自然遗产的1.65倍（图4-2）；在为数不多的13个基础地质遗迹世界自然遗产（G）中，11处均为化石产地类型（G1），仅有两处为陨石冲击类型（G2）；在85个地貌景观世界自然遗产（L）中，岩土地貌类型（L1）和火山地貌类型（L4）的地貌景观世界自然遗产数量最多，二者总量超过地貌景观世界自然遗产（L）数量的1/2。但海岸地貌类型（L6）、冰川地貌类型（L5）和构造地貌类型（L3）的地貌景观世界自然遗产数量相对较少（图4-3），而在数量相对较多的岩土地貌类型（L1）的遗产地中，46%都为岩溶地貌（图4-4）。

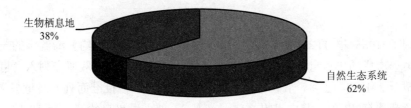

图4-2　生物多样性世界自然遗产（E）各类型数量分布

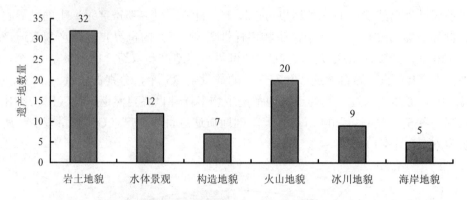

图 4-3　地貌景观世界自然遗产（L）各类型数量柱状

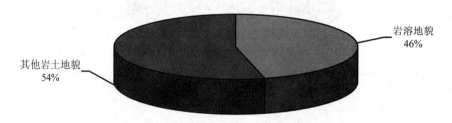

图 4-4　岩土地貌类型（L1）中岩溶地貌数量分布

综上所述，在《世界遗产名录》中的世界自然遗产、世界自然与文化双遗产，其类别多为生物多样性类别（E），而基础地质遗迹类别（G）和地貌景观类别（L）相对较少，尤其是化石产地和陨石冲击等基础地质遗迹类型数量最少。228 个世界自然遗产和双遗产中，仅有 12 个是化石产地（G1）和陨石冲击（G2）等基础地质遗迹类型。特别需要指出的是，目前全球仅有一处陨石冲击类型的世界自然遗产。

第二节　我国世界自然遗产申报现状

我国于 1985 年 11 月成为《保护世界文化和自然遗产公约》缔约国的一员。1987 年我国第一次成功申报世界遗产——泰山（以世界自然与文化双遗产列入《世界遗产名录》）。截至 2014 年 12 月，我国经联合国教科文组织审核批准而列入《世界遗产名录》的世界遗产共有 47 项，其中世界文化遗产有 33 项，世界自然遗产有 10 项，世界自然和文化双遗产有 4 项（表 4-2），分别占总量的 70%、21% 和 9%。由此可见，我国文化遗产和自然遗产在数量上存在不平衡性，表现为世界文化遗产相对较多，而世界自然遗产和双遗产数量相对较少（图 4-5）。

表 4-2　我国世界自然遗产和双遗产简介

种类	遗产地名称	入选时间/年份	入选标准
世界自然遗产	黄龙风景名胜区	1992	（vii）
世界自然遗产	九寨沟风景名胜区	1992	（vii）
世界自然遗产	武陵源风景名胜区	1992	（vii）
世界自然遗产	三江并流保护区	2003	（vii）（viii）（ix）（x）
世界自然遗产	四川大熊猫栖息地	2006	（x）
世界自然遗产	中国南方喀斯特	2007	（vii）（viii）
世界自然遗产	三清山国家公园	2008	（vii）
世界自然遗产	中国丹霞	2010	（vii）（viii）
世界自然遗产	澄江化石地	2012	（viii）
世界自然遗产	新疆天山	2013	（vii）（ix）
世界文化和自然遗产双遗产	泰山	1987	（i）（ii）（iii）（iv）（v）（vi）（vii）
世界文化和自然遗产双遗产	黄山	1990	（ii）（vii）（x）
世界文化和自然遗产双遗产	峨眉山—乐山大佛风景区	1996	（iv）（vi）（x）
世界文化和自然遗产双遗产	武夷山	1999	（iii）（vi）（vii）（x）

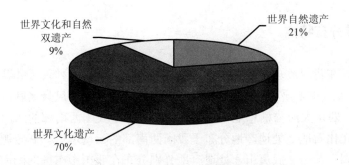

图 4-5　我国世界遗产各种类的数量分布

一、入选标准分析

《保护世界文化和自然遗产公约操作指南》（以下简称《指南》）中规定了世界自然遗产的 4 条入选标准。《指南》规定，经联合国教科文组织认定，符合其中的一条或多条标准的遗产地，可有资格进入《世界遗产名录》。我国从 1987 年起至今，已成功申报 10 项世界自然遗产及 4 项世界自然和文化双遗产。在这 14 处世界自然遗产和双遗产中，只有三江并流保护区同时符合所有世界自然遗产的四条入选标准。有 8 处遗产地符合一条入选标准，5 处遗产地因同时符合两条入选标准而进入《世界遗产名录》（图 4-6）。而且，武陵源风景名胜区（世界自然遗产）、九寨沟风景名胜区（世界自然遗产）、黄龙风景名胜区（世界自然遗产）、三清山国家公园（世界自然遗产）和泰山（世界自然与文化双遗产）都是只符合世界自然遗产入选标准的"标准（vii）包含绝佳的自然现象或是具有特别的自然美和美学重要性的区域"，使这些遗产地的内涵略显单薄。而在当今世界自然遗产的评估过程中，评估专家越来越重视其科学内涵，因此，我国应该重视自然遗产的基础研究工作①②。此外，我国的世界自然遗产符合的入选标准相对单一的组合类别说明我国仍有较大的世界自然遗产申报潜力③。

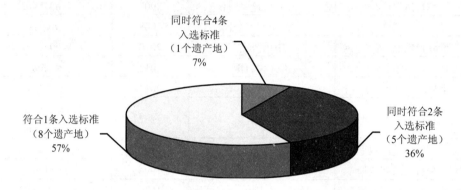

图 4-6　我国世界自然遗产和双遗产入选标准数量分析

二、地域分布特点

截至目前，在我国成功申报，且经联合国教科文组织批准列入《世界遗产名录》的10 项世界自然遗产和 4 项双遗产中，黄龙风景名胜区、九寨沟风景名胜区、峨眉山—乐山大佛风景区、四川大熊猫栖息地 4 处遗产地均分布于我国西南部的四川境内。三江并流保护区、澄江化石地 2 处遗产地分布于我国西南部的云南境内。武陵源风景名胜区、三清山国家公园、黄山、武夷山 4 处遗产地分别分布在我国中东部的湖南张家界境内、江西上饶境内、安徽省黄山市境内、福建省武夷山市境内。新疆天山分布在我国西北部的新疆境内。泰山分布在我国中东部的山东省泰安市境内。而联合申报的世界自然遗产中国南方喀斯特包括云南石林、贵州荔波、重庆武隆，位于我国西南部。另一处联合申报的世界自然遗产中国丹霞包括福建泰宁、湖南崀山、广东丹霞山、江西龙虎山、浙江江郎山、贵州赤水，位于我国的西南部和东南部。

由此可知，我国的世界自然遗产和双遗产分布不均匀，南方多，北方少。且多分布于我国的西南部地区、东南部地区和中东部地区。而我国地域广阔，自然资源丰富，西

① 潘江. 中国的世界文化与自然遗产[M]. 北京：中国地质出版社，2011.

② 潘江. 自然遗产、文化遗产和地球历史遗迹[A]//张晓，郑玉歆. 中国自然文化遗产资源管理[C]. 北京：社会科学文献出版社，2001.

③ 丁超.世界遗产入选标准的对比分析及中国申报世界遗产的对策[J].北京大学学报（自然科学版），2006, 2（42）：231-237.

北地区、长城以北地区，以及南岭以南地区自然与文化遗产资源十分丰富，但是目前成功申报或提名的遗产地数量十分少[①]。

三、基于分类系统的宏观概况分析

我国目前进入《世界遗产名录》的 10 个世界自然遗产及 4 个世界自然与文化双遗产中，生物多样性类别（E）的遗产地有 4 个，占总量的 36%，基础地质遗迹类别（G）的遗产地有 1 个，占总量的 7%，地貌景观类别（L）的遗产地数量最多，共有8 个，占总量的 57%（图 4-7）。而在数量最多的地貌景观世界自然遗产（L）中，只有岩土地貌类型（L1）、水体地貌类型（L2），而没有火山地貌类型（L4）、构造地貌类型（L3）、冰川地貌类型（L5）和海岸地貌类型（L6），且岩土地貌类型偏多（L1）（图 4-8）。

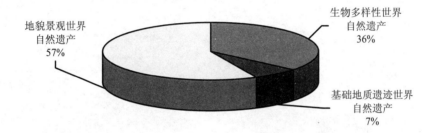

图 4-7 我国世界自然遗产和双遗产类别数量分布

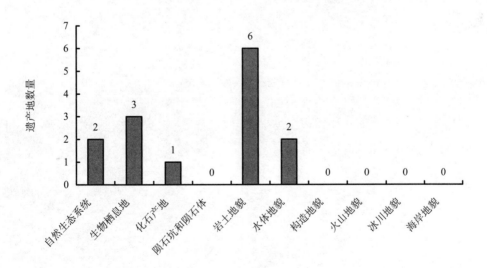

图 4-8 我国世界自然遗产和双遗产各类型数量柱状

---

① 张忍顺，蒋姣芳，张祥国. 中国"世界自然遗产"资源现状特征与发展对策[J]. 资源科学，2006，28（1）：186-190.

可以看出，我国已申报成功的世界自然遗产和双遗产在数量上各类别和各类型差异很大。在以往的申报历史中，我国较重视生物多样性类别（E）和地貌景观类别（L）遗产地的申报，尤其是地貌景观世界遗产地（L）中的岩土地貌类型（L1）遗产地。因此，我国已申报成功的世界自然遗产和双遗产呈现出"生物多样性类别（E）遗产地多，岩土地貌类型（L1）遗产地相对较多；基础地质遗迹类别（G）遗产地相对较少，构造地貌（L3）、火山地貌（L4）、冰川地貌（L5）、海岸地貌类型（L6）遗产地相对较少"的特点。

第五章　我国世界自然遗产未来申报方向

第一节　重点申报类别和类型分析

积极申报世界自然遗产已是大势所趋。一方面,《世界遗产名录》中世界文化遗产和世界自然遗产数量上的不平衡（图 5-1）,已受到联合国教科文组织世界遗产委员会的高度重视。2005 年修改后的《保护世界文化和自然遗产公约操作指南》的 55 节和 61 节已经表达欲寻求一个平衡的世界遗产名单,弥补目前《世界遗产名录》的不平衡性和差距性[①];另一方面,从 2006 年起,联合国教科文组织世界遗产委员会提出新的申报机制,要求每个国家每年至多只能申报两项世界遗产,其中一项必须为世界自然遗产,可以看出联合国教科文组织世界遗产委员会正在致力于达到申报种类的平衡。最后,我国世界自然遗产申报工作相对于世界文化遗产申报工作而言,具有滞后性。而我国是自然资源大国,世界自然遗产申报潜力巨大。

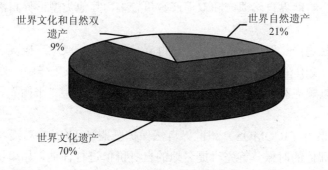

图 5-1　世界遗产各种类数量分布

纵观目前《世界遗产目录》上的世界自然遗产和双遗产,呈现出"一多二少,四多五少,一无的特点",即生物多样性类别（E）的世界自然遗产和双遗产数量相对较多,基础地质遗迹类别（G）、地貌景观类别（L）的世界自然遗产和双遗产数量相对较少的特点,尤其是基础地质遗迹类别（G）;自然生态系统类型（E1）、生物栖息地类型（E2）、岩土地貌类型（L1）、火山地貌类型（L4）的世界自然遗产和双遗产数量较多,化石产

① 世界遗产中心. 2005 年版《保护世界自然与文化双遗产公约操作指南》.

地类型（G1）、水体景观类型（L2）、构造地貌类型（L3）、冰川地貌类型（L5）、海岸地貌类型（L6）的世界自然遗产和双遗产数量相对较少；目前尚无地质剖面类型的世界自然遗产和双遗产（图 5-2）。

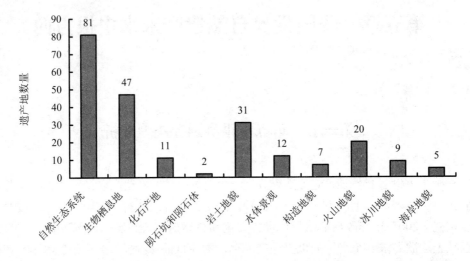

图 5-2　世界自然遗产和双遗产各类型数量柱状

　　而我国世界自然遗产和双遗产的现状是"二多一少"，即生物多样性类别（E）和地貌景观类别（L）的世界自然遗产和双遗产数量相对较多，基础地质遗迹类别（G）的世界自然遗产和双遗产数量较少；自然生态系统类型（E1）、生物栖息地类型（E2）、岩土地貌类型（L1）的世界自然遗产和双遗产数量较多，其他类型世界自然遗产和双遗产数量较少。

　　我国世界自然遗产、双遗产现状和全球世界自然遗产、双遗产概况表现出一定程度的相似性。那么，我国在未来的世界自然遗产和双遗产的申报工作中，要尽量避开"多"的类别和类型，以顺应联合国教科文组织世界遗产委员会期望"平衡"《世界遗产名录》的意愿和举动。

　　国际遗址理事会（ICOMOS）和世界自然保护联盟（IUCN）对提名的世界自然遗产和双遗产进行评估的时候，首先对提名地的自身价值进行评估，如果认为其生物多样性价值是突出的，则会将其与同类的世界自然遗产或双遗产进行比较，看其是否具有突出的普遍价值和独特性。如果与《世界遗产名录》上的其他遗产地相比，其价值类似或者独特性不如其他遗产地强，那么则很难申请成功。因此，在未来我国应该可以优先考虑申报《世界遗产名录》上类型或类别数量相对比较少的遗产地，以及《世界遗产名录》上尚未出现的某一类别或类型的遗产地。由于数量相对较少，在申报时就比较相对容易达到"证明比已有遗产地强"的要求。另外，填补某一空缺应该比证明某一遗产地其突出的普遍价值和独特性超过已有同类别或同类型的遗产地容易得多，如澄江化石地因记录了 5.3 亿年前寒武纪早期地球生命的快速演化史，而填补了前寒武纪时期代表性化石地的空缺，在 2012 年成功登录《世界遗产名录》。

综上所述，在我国申报世界自然遗产的时候，应优先考虑以下几个类别或类型的遗产地：

（1）优先考虑申报基础地质遗迹类别（G）世界自然遗产和双遗产。目前《世界遗产名录》中还尚未有地质剖面类的世界自然遗产或双遗产。陨石坑和陨石体类型（G2）的世界自然遗产和双遗产目前有两处。虽然，相对于基础地质遗迹世界自然遗产（G）的其他类型，化石产地类型（G1）数量相对较多，已有 12 处。但是到目前为止，《世界遗产名录》上还没有出现志留纪时期的具有代表性的化石产地。我国的志留系一般分布在大部分华南地区，华南地区的志留系具有良好的研究基础，是我国志留系研究的标准地区[①]，具有申报世界自然遗产的潜力。

（2）优先考虑申报水体景观（L2）、构造地貌（L3）、冰川地貌（L5）和海岸地貌类型（L6）的世界自然遗产和双遗产。在《世界遗产名录》上，水体景观（L2）、构造地貌（L3）、冰川地貌（L5）和海岸地貌类型（L6）的世界自然遗产和双遗产数量分别为 12、7、8、5，四类别总量仅为 33，而世界自然遗产和双遗产各类型总数为 228；四个类型所占的比例分别为 5%、3%、4%、2%，四类型数量之和仅为所有类型之和的 14%。因此，可以优先考虑申报这四个类型的世界自然遗产，这样在进行类型对比分析的时候，由于对比对象数量相对较少，而更容易达到"证明比已有遗产地强，更有价值"的要求。

（3）优先考虑申报海洋遗产。《世界遗产名录》上陆地类遗产地数量较多，而海洋类遗产地数量较少，二者比例的失衡现象阻碍了联合国教科文组织世界遗产委员会"达到申报种类的平衡"的愿景。虽然生物多样性类型的世界遗产数量已经很多，但是海洋和海岸生态系统数量很少，在 228 个世界自然遗产和双遗产中，仅有 18 个是海洋和海岸生态系统世界自然遗产和双遗产（图 5-3）。另外，我国海洋资源种类丰富多样，价值突出，生物多样性丰富，具有成功申报世界自然遗产的巨大潜力。

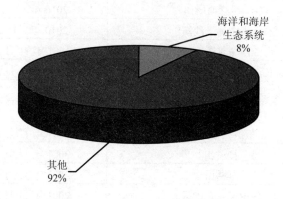

海洋和海岸
生态系统
8%

其他
92%

图 5-3　海洋和海岸生态系统世界自然遗产和双遗产所占比例

①http://baike.baidu.com/link？url=CNKBL4gWU7pAURuVeJrIp_ljlzgN2ZBgJ9LsaFx-xDZIxGqLKqOZf2s_AAkThXcw.

第二节　潜力资源分析

一、预备清单分析

2013 年 10 月，中国住房和城乡建设部住建司世界遗产与风景名胜管理处公布了我国最新的《世界遗产预备清单涉及中国自然遗产、自然与文化双遗产项目名单》（以下简称《名单》）（表 5-1）[1]。《名单》中涉及 11 项自然遗产、9 项双遗产。本研究将从类型、类别和地域分布角度，对涉及的这 20 个遗产地进行细致分析（表 5-2）。

表 5-1　《世界遗产预备清单涉及中国自然遗产、自然与文化双遗产项目名单》

序号	遗产地名称	进入世界遗产预备清单时间	种类
1	东寨港自然保护区	1996 年 12 月 2 日	自然遗产
2	鄱阳湖自然保护区	1996 年 12 月 2 日	自然遗产
3	神农架自然保护区	1996 年 12 月 2 日	自然遗产
4	扬子鳄自然保护区	1996 年 12 月 2 日	自然遗产
5	桂林漓江风景名胜区	1996 年 12 月 2 日	自然遗产
6	天坑地缝风景名胜区	2001 年 11 月 29 日	自然遗产
7	金佛山风景名胜区	2001 年 11 月 29 日	自然遗产
8	五大连池风景名胜区	2001 年 11 月 29 日	自然遗产
9	中国阿尔泰	2010 年 1 月 29 日	自然遗产
10	喀喇昆仑-帕米尔	2010 年 1 月 29 日	自然遗产
11	塔克拉玛干沙漠	2010 年 1 月 29 日	自然遗产
12	西藏雅砻河	2001 年 11 月 29 日	双遗产
13	长江三峡风景名胜区	2001 年 11 月 29 日	双遗产
14	大理苍山洱海风景名胜区	2001 年 11 月 29 日	双遗产
15	海坛风景名胜区	2001 年 11 月 29 日	双遗产
16	麦积山风景名胜区	2001 年 11 月 29 日	双遗产
17	楠溪江	2001 年 11 月 29 日	双遗产
18	雁荡山	2001 年 11 月 29 日	双遗产
19	华山风景名胜区	2001 年 11 月 29 日	双遗产
20	中华五岳-泰山扩展项目（包括南岳衡山、西岳华山、北岳恒山、中岳嵩山）	2008 年 4 月 7 日	双遗产

---

[1] http://www.mohurd.gov.cn/zcfg/jsbwj_0/jsbwjcsjs/201311/t20131112_216196.html.

中华五岳是已成功申报世界自然和文化双遗产的泰山扩展项目（包括南岳衡山、西岳华山、北岳恒山、中岳嵩山），申报扩展项目的策略在世界遗产申报竞争力十分大的今天，还是有一定优势的。很多国家扩展项目的成功申报也验证了此策略的可行性。因此，此研究将不在这里对中华五岳进行类别和类型分析。主要针对《名单》上的其他19处遗产地，根据前文初步构建的分类系统，进行类别和类型分析（表5-2）。

表5-2 《世界遗产预备清单涉及中国自然遗产、自然与文化双遗产项目名单》分析

序号	遗产地名称	类别	类型	特点	地理位置
1	东寨港自然保护区△	生物多样性（E）	自然生态系统（E1）	红树林湿地生态系统①	海口市境内
2	鄱阳湖自然保护区△	生物多样性（E）	自然生态系统（E1）	内陆型湿地生态系统②	江西省北部
3	神农架自然保护区△	基础地质遗迹（G）	化石产地（G1）、地质剖面	• 能在崇山峻岭中找到地球历次造山运动的痕迹：有元古纪、震旦纪的标准地质剖面； • 有古生代、中生代、新生代各地质时期的动植物石化群③	湖北省西部
4	扬子鳄自然保护区△	生物多样性（E）	生物栖息地（E2）	我国特有的，也是现存最古老的爬行动物——有"活化石"之称的扬子鳄的栖息地④	安徽省东南部
5	桂林漓江风景名胜区△	地貌景观（L）	岩土地貌（L1）	世界上规模最大，风景最美的岩溶山水旅游区⑤	广西东北部桂林市境内
6	天坑地缝风景名胜区△	地貌景观（L）	岩土地貌（L1）	岩溶地貌⑥	重庆市东部奉节县
7	金佛山风景名胜区△	地貌景观（L）	岩土地貌（L1）	岩溶地貌⑦	重庆南部南川区境内
8	五大连池风景名胜区△	地貌景观（L）	火山地貌（L4）	火山地貌	黑龙江省北部的五大连池市
9	中国阿尔泰△	地貌景观（L）	岩土地貌（L1）	花岗岩地貌⑧	中国新疆维吾尔自治区北部和蒙古西部

①吴瑞，王道儒. 东寨港国家级自然保护区现状与管理对策研究[J]. 海洋管理与开发，2013（8）：73.

② http://baike.baidu.com/link ? url=XnyZgThUezRwIACQqYfHK2GsHavAn2aSuBKGAS01wWfi_flFu-k49B0KXDd9vKznnI0fnhtYvxVBXJ7awmy6rK.

③http://www.snjbhq.com/html/baohuqugaikuang/20090725/45.html.

④http://baike.baidu.com/view/73268.htm ? fromId=248789&fr=wordsearch.

⑤吴应科. 桂林漓江风景名胜区总体规划编制探讨[J]. 桂林旅专学报，1998，9（4）：47.

⑥陈伟海，朱德浩，朱学稳. 重庆市奉节天坑地缝岩溶景观特征及评价[J]. 地理与地理信息科学，2004，20（4）：80.

⑦ http://baike.baidu.com/link ? url=I0_NFLpjV6P81O84hzsNW7wlOuUNLIzntQFr8coQcXgRFnSP7uENr5PNZ_s9JGjpSmmQsb9xTP4vr0LT6ImBa.

⑧王涛，童英，等. 阿尔泰造山带花岗岩时空演变、构造环境及地壳生长意义——以中国阿尔泰为例[J]. 岩石矿物学杂志，2010，29（6）：595-596.

序号	遗产地名称	类别	类型	特点	地理位置
10	喀喇昆仑-帕米尔△	生物多样性（E）	自然生态系统（E1）	高原高寒生态景观	新疆西南部
11	塔克拉玛干沙漠△	地貌景观（L）	岩土地貌（L1）	沙漠景观地貌	南新疆塔里木盆地中心
12	西藏雅砻河☆	地貌景观（L）	水体景观（L1）	河流	西藏山南地区南部
13	长江三峡风景名胜区☆	地貌景观（L）	构造地貌（L3）	长江上最神奇壮观的一段峡谷	地跨重庆东部和湖北省西部①
14	大理苍山洱海风景名胜区☆	地貌景观（L）	冰川地貌（L5）	苍山顶端保存着完整的典型冰融地貌。这里在第四纪时曾有冰川广泛发育，现今苍山仍然保留着较完整的冰斗、冰川谷、刃脊、角峰等冰川作用遗迹②	云南省西部大理市
15	海坛风景名胜区☆	地貌景观（L）	海岸地貌（L6）	以海蚀地貌而闻名，有"海蚀地貌"博物馆之称	福建省东部平潭县
16	麦积山风景名胜区☆	生物多样性（E）	自然生态系统（E1）	有森林生态系统，湿地生态系统，草原生态系统③	甘肃东南部天水市
17	楠溪江☆	地貌景观（L）	水体景观（L2）	以水秀、岩奇、瀑多、村古、滩林美而闻名遐迩④	浙东南瓯江北岸的（温州市）永嘉县中部
18	雁荡山☆	地貌景观（L）	火山地貌（L4）	被誉为"天然的破火山立体模型"，环太平洋大陆边缘火山带中一座日至纪流纹质破火地⑤	浙江省温州市东北部海滨，小部在台州市温岭南境
19	华山风景名胜区☆	地貌景观（L）	岩土地貌（L1）	花岗岩地貌⑥	陕西省渭南华阴市
20	中华五岳-泰山扩展项目（包括南岳衡山、西岳华山、北岳恒山、中岳嵩山）☆	—	—	—	衡山位于湖南省；华山位于陕西省；恒山位于山西；嵩山位于河南西部

△为自然遗产，☆为双遗产

---

① 宋才发. 长江三峡自然风景名胜区的文化景观及法律保护[J]. 湖北民族学院学报（哲学社会科学版），2007，25（1）：60.

② http://baike.baidu.com/view/6234766.htm.

③ 芦维忠. 麦积山风景名胜区植物多样性研究[D]. 山西：西北农林科技大学，2005.

④ http://baike.baidu.com/subview/60605/5078107.htm？fr=aladdin.

⑤ 陶奎元. 雁荡山神奇的地质旅行[J]. 风景名胜，2007，6：22.

⑥ 滕志宏，李继康. 华山景区主要景点的地质地貌成因解析[J]. 西北大学学报（自然科学版），1997，27（3）：243-246.

从表 5-2 中可以看出，除中华五岳-泰山扩展项目外，《名单》上其他 11 处自然遗产和 8 处双遗产都是生物多样性类别（E）和地貌景观类别（L）的自然遗产或双遗产，而基础地质遗迹类别的遗产地仅有神农架自然保护区一处（G），在类别的数量上则出现了一定的不平衡性（图 5-4）。因此，建议增加预备清单上基础地质遗迹类别（G）的遗产地数量，一方面可以达到平衡预备清单上各类别数量的目的；另一方面由于目前全球已申报成功的基础地质遗迹类别（G）的世界自然遗产和双遗产的数量较少，因此申报成功的可能性相对较大。从类型上分析，《名单》上自然生态系统类型（E1）和岩土地貌景观类型（L1）的遗产地数量相对较多（图 5-5），但是在我国已成功申报的世界自然遗产和双遗产中，这种类型的世界自然遗产数量已经很多，如中国南方喀斯特、中国丹霞等。另一方面，从全球角度上看，这两种类型世界自然遗产和双遗产的数量也很多，所以不建议优先申报《名单》中自然生态系统类型（E1）和岩土地貌景观类型（L1）的遗产地。

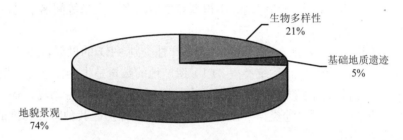

图 5-4　《世界遗产预备清单涉及中国自然遗产、自然与文化双遗产项目名单》各类别数量分布

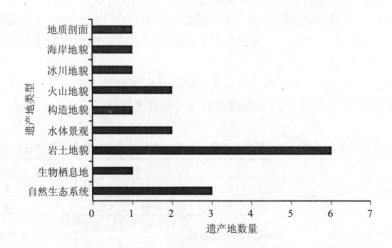

图 5-5　《世界遗产预备清单涉及中国自然遗产、自然与文化双遗产项目名单》各类型数量分布

目前《世界遗产名录》上，基础地质遗迹类型的世界自然遗产和双遗产的数量仅为 13 个。所以，神农架自然保护区申报成功的可能性较大。另外，神农架保护区能在崇山峻岭中找到地球历次造山运动的痕迹——有元古纪、震旦纪的标准地质剖面和古生代、

中生代、新生代各地质时期的动植物石化群，能够填补《世界遗产名录》上地质剖面类型遗产地的空白，更加增加了其申报成功的可能性。

从类型角度分析，分别为冰川地貌类型（L5）的大理苍山洱海风景名胜区、海岸地貌类型（L6）的海坛风景名胜区和构造地貌（L3）的长江三峡风景名胜区申报成功的可能性较大，因为目前《世界遗产名录》上的 228 处世界自然遗产和双遗产中仅有 9 处冰川地貌类型（L5）、5 处海岸地貌类型（L6）、7 处构造地貌类型（L3）的世界遗产和双遗产。同样在进行类型对比分析的时候，由于对比对象数量相对较少，而更容易达到"证明比已有遗产地更有价值"的要求。

《世界遗产名录》中的岩土地貌类型（L1）的世界自然遗产和双遗产虽然数量很多，但是隶属于这一类型的沙漠景观地貌世界自然遗产和双遗产数量却很少，在现有的世界遗产中，沙漠景观地貌仍是一处重要的空白，尤其是沙漠景观中最有特色的特点，还没有在《世界遗产名录》中得到很好地反映。塔克拉玛干沙漠是世界上最大最高的沙漠之一，以大型沙丘群、巨大的冲积扇、洪积湖和生成众多沙尘暴等闻名于世。所以塔克拉玛干沙漠申报成功的可能性较大。

同样，《世界遗产名录》中，虽然生态多样性类别（E）的世界自然遗产和双遗产数量已经很多，但是自然生态系统类型（E1）遗产地的数量是生物栖息地类型（E2）遗产地的 1.65 倍，而且扬子鳄是我国特有的，也是现存最古老的爬行动物，有"活化石"之称，因此，作为生物栖息地类型（E2）的扬子鳄自然保护区其独特性和价值也很明显，也有可能申报成功。

另外，由于《世界遗产名录》上火山地貌类型（L4）的遗产地数量已经很多，所以如果我国欲申报火山地貌类型的遗产地，必须进行更加深入的科学研究，全面、透彻地挖掘遗产地的突出的普遍性的价值，重点把握《世界遗产公约》中的"真实性"和"完整性"两个重要概念，挖掘与《保护世界文化和自然遗产公约操作指南》中 4 条入选标准相对应的特殊价值。

综上所述，我们针对《世界遗产预备清单涉及中国自然遗产、自然与文化双遗产项目名单》上涉及的 20 处遗产地申报成功的等级进行了划分（表 5-3）。

表 5-3　《世界遗产预备清单涉及中国自然遗产、自然与文化双遗产项目名单》优先申报等级划分

序号	遗产地名称	类别	类型	等级
1	东寨港自然保护区△	生物多样性（E）	自然生态系统（E1）	★
2	鄱阳湖自然保护区△	生物多样性（E）	自然生态系统（E1）	★
3	神农架自然保护区△	基础地质遗迹 G）	化石产地（G1）、地质剖面	★★★★
4	扬子鳄自然保护区△	生物多样性（E）	生物栖息地（E2）	★★★
5	桂林漓江风景名胜区△	地貌景观（L）	岩土地貌（L1）	★
6	天坑地缝风景名胜区△	地貌景观（L）	岩土地貌（L1）	★
7	金佛山风景名胜区△	地貌景观（L）	岩土地貌（L1）	★
8	五大连池风景名胜区△	地貌景观（L）	火山地貌（L4）	★

序号	遗产地名称	类别	类型	等级
9	中国阿尔泰△	地貌景观（L）	岩土地貌（L1）	★
10	喀喇昆仑-帕米尔△	生物多样性（E）	自然生态系统（E1）	★★
11	塔克拉玛干沙漠△	地貌景观L）	岩土地貌（L1）	★★★★
12	西藏雅砻河☆	地貌景观（L）	水体景观（L1）	★★★
13	长江三峡风景名胜区☆	地貌景观（L）	构造地貌（L3）	★★★
14	大理苍山洱海风景名胜区☆	地貌景观（L）	冰川地貌（L5）	★★★
15	海坛风景名胜区☆	地貌景观（L）	海岸地貌（L6）	★★★
16	麦积山风景名胜区☆	生物多样性（E）	自然生态系统（E1）	★
17	楠溪江☆	地貌景观（L）	水体景观（L2）	★★★
18	雁荡山☆	地貌景观（L）	火山地貌（L4）	★★
19	华山风景名胜区☆	地貌景观（L）	岩土地貌（L1）	★★
20	中华五岳-泰山扩展项目（包括南岳衡山、西岳华山、北岳恒山、中岳嵩山）☆	—	—	—

注：本书中的优先申报等级划分仅限于《世界遗产预备清单涉及中国自然遗产、自然与文化双遗产项目名单》中涉及的遗产地的比较。

二、其他有潜力资源分析

（1）江苏岸外辐射沙洲。《世界遗产名录》上陆地类和海洋类世界自然遗产和双遗产比例严重失衡。联合国教科文组织世界遗产委员会也很重视这一现象。因此，海洋类世界自然遗产和双遗产可以作为一个申报的突破口。

江苏岸外辐射沙洲被认为是当今太平洋西岸最大的海中沙洲湿地，世界规模最大的岸外沉积体，具有独特的准封闭的生态系统与自然景观[①]。该系统包括气候变化、海平面变化、海洋生物及其生境演替、黄河口演变、陆架地貌，这里的自然地理特征不仅独特，而且具有世界代表性[②]。若申报成功，则可以填补我国海洋景观世界遗产的空白。

（2）四川省贡嘎山地区。《世界遗产名录》上冰川地貌类型（L5）的遗产地仅有 9 处，其数量约占世界自然遗产和双遗产总量的 4%。因此，申报具有独特价值的冰川地貌类型（L5）的世界自然遗产竞争力小，可能性大。

贡嘎山地区独特的价值表现在以下几个方面：①贡嘎山是横断山系与青藏高原东部最大的冰川群——有冰川 74 条；②贡嘎山地区海螺沟冰川具有"三个最"的优势——"最大、最低、最近"，即亚洲东部规模最大、海拔最低、距特大城市最近的现代冰川；③其大冰川瀑布不仅是我国最高大的冰川瀑布，也是世界上最高大的冰川瀑布之一，冰川舌现长 5 km，全部伸进原始峨眉冷杉林带，构成世界上罕见的冰川与森林共存的神奇

① 张忍顺，蒋姣芳，张祥国. 中国"世界自然遗产"资源现状特征与发展对策[J]. 资源科学，2006，28（1）：189.
② 张忍顺，陈才俊. 江苏岸外沙洲演变及条子泥并陆前景研究[M]. 北京：海洋出版社，1990.

而独特的自然奇观——"绿海冰川"[①]；④贡嘎山地区是世界上高差最大的极高山群之一，相对高差达到 6 466 米[②]。

（3）陕西洛川黄土国家地质公园。虽然，《世界遗产名录》上岩土地貌类型（L1）的世界自然遗产和双遗产数量已经很多，但是多为岩溶地貌，花岗岩地貌和沙漠地貌也有分布，却没有黄土地貌。

洛川黄土是我国黄土的典型代表。而洛川黄土国家地质公园是世界上唯一一座以黄土地质遗迹为主的国家地质公园[③]，园内主要地质遗迹有黄土剖面、黄土沟谷地貌、黄土微地貌景观等[④]。该公园园区内黄土沉积厚，黄土地貌类型丰富，是世界级精品黄土地质遗迹[⑤]。园区的洛川黄土剖面，以黄土—古土壤系列记录连续性好，因时间尺度长而成为全球变化研究的三大支柱之一[⑥]。它真实地记录了第四纪以来古气候、古环境、古生物等重要地质事件和信息，是研究中国大陆乃至欧亚大陆第四纪地质事件的典型地质体[⑦]。

（4）大连滨海国家地质公园、辽宁笔架山岛。《世界遗产名录》上 228 个世界自然遗产和双遗产仅有 5 个是海岸地貌类型（L6）的遗产地，其数量约占世界自然遗产和双遗产总量的 2%。因此，我国申报海岸地貌类型（L6）的世界自然遗产潜力很大。

大连滨海国家地质公园是我国第一个以海岸地貌为突出特征的国家公园。黄海和渤海自然分界线及沿岸的海蚀地貌、各种奇礁异石、陡壁、悬崖使这里成为大自然赐予人类的优美长廊画卷[⑧]。这里的海岸地貌是我国北方大连典型的海岸地貌，400 多千米的海岸线附近，极具特色的地质结构、奇绝的海蚀地貌景观、丰富的古生物化石使这里有成为世界自然遗产的潜力[⑨]。

笔架山岛位于渤海锦州湾，地貌天然完整，是世界上最典型的海洋陆连岛。其至今保存完好的原生态的陆连岛地貌不仅罕见而且珍贵，具有国际保护价值。另外，陆连岛属于海岸堆积地貌，代表了一种地质过程，形象地展示了海岸地貌形成的自然过程，而且至今还在生动演示着这一过程和自然力（包括月球引潮力、地球自转产生的离心力）的作用原理，极具科学研究价值[⑩]。

（5）黑龙江镜泊湖世界地质公园。《世界遗产名录》上水体景观类型（L2）的遗产地仅有 12 处，其数量约占世界自然遗产和双遗产总量的 5%。因此，申报水体景观类型（L2）的世界自然遗产或双遗产相对更容易达到"证明比已有遗产地更有价值"的要求。

① 侯庆志. 辐射沙洲中南部"水道—沙洲"系统稳定性研究[D]. 南京：南京师范大学，2006.

② 李娴. 贡嘎上地区旅游地学特征及开发模式研究[D]. 成都：成都理工大学，2008.

③ 李娟. 秦豫地质遗迹资源及地质公园建设中人为因素分析[J]. 陕西地质，2007，25（1）：83.

④ 郝俊卿. 黄土国家地质公园遗迹保护性利用与当地经济互动发展研究[D]. 西安：陕西师范大学，2004.

⑤ 吴成基，陶盈科，林明太，等. 陕北黄土高原地貌景观资源化探讨[J]. 山地学报，2005，23（5）：513-519.

⑥ 李卫朋，刘起，鲜锋，等. 洛川黄土国家地质公园 SWOT 分析与深度开发[J]. 地球学报，2010，31（4）：593-599.

⑦ http://baike.sogou.com/v8873525.htm.

⑧ 陈安泽. 论国家地质公园[A]//国家地质公园建设与旅游资源开发. 旅游地学论文集第八集. 2002：15-31.

⑨ 李永化. 大连滨海国家地质公园地质遗迹的科学价值[D]. 沈阳：辽宁师范大学，2009.

⑩ 李湘. 打造辽宁海洋经济和海洋文化的国际品牌——锦州笔架山岛国际地位研究及申报世界自然遗产的建议与论证[J]. 2012，10：73-76.

黑龙江镜泊湖世界地质公园内的镜泊湖是我国最大的熔岩堰塞湖，为火山堰塞湖，是世界第二高山堰塞湖，为第四纪中晚期火山爆发玄武岩岩浆堵塞牡丹江河道而形成。地质公园内的吊脚楼瀑布（又称镜泊湖瀑布）是我国三大著名瀑布之一[1]，是世界最大的玄武岩瀑布，而且奇特的是到了冬季枯水期，虽然瀑布不见了，却可以观赏到另一番景致。在熔岩床上，游人可发现许多被常年流水冲击的熔岩块因磨蚀而形成的大小深浅不等的溶洞。这些溶洞，犹如人工凿琢般光滑圆润，十分别致[2]。

（6）内蒙古锡林郭勒盟多伦县陨石坑。《世界遗产名录》上目前仅有两处陨石坑和陨石体类型（G2）的世界自然遗产。因此，我国应该积极申报该类型的有价值的世界自然遗产，以填补陨石冲击类型（G2）的世界自然遗产和双遗产的空白。

内蒙古锡林郭勒盟多伦县陨石坑是"环形水系"陨石坑，有一个滦河、闪电河形成的"环形水系"，内环直径为70千米，外环直径达150千米，该陨石坑的水系形状和地形、地貌都十分奇特，曾引起国内外专家学者的高度重视。原国家地矿部地质学家认为这个陨石坑成坑时代在侏罗纪与白垩纪之间，距今约1.4亿年，是世界第二大陨石坑[3]。

---

[1]李烈荣，姜建军，王文. 中国地质遗迹资源极其管理[M]. 北京：中国大地出版社，2002.

[2]http://baike.baidu.com/link？url=fBmmfamdAOQnI7ULBazP42kS2zulySqzpK6WagSEWIPzMbLi0QkTebDidNGhKgGD.

[3]http://www.pdsxww.com/jkhg/content/2005-10/19/content_225264.htm.

附录1 《保护世界文化和自然遗产公约》

联合国教育、科学及文化组织大会于 1972 年 10 月 17 日至 11 月 21 日在巴黎举行的第十七届会议，注意到文化遗产和自然遗产越来越受到破坏的威胁，一方面因年久腐变所致，同时，变化中的社会和经济条件使情况恶化，造成更加难以对付的损害或破坏现象，考虑到任何文化或自然遗产的坏变或消失都构成使世界各国遗产枯竭的有害影响，考虑到国家一级保护这类遗产的工作往往不很完善，原因在于这项工作需要大量手段，以及应予保护的财产的所在国不具备充足的经济、科学和技术力量，回顾本组织《组织法》规定，本组织将通过确保世界遗产得到保存和保护以及建议有关国家订立必要的国际公约来维护、增进和传播知识，考虑到现有关于文化财产和自然财产的国际公约、建议和决议表明，保护不论属于哪国人民的这类罕见且无法替代的财产，对全世界人民都很重要，考虑到某些文化遗产和自然遗产具有突出的重要性，因而需作为全人类世界遗产的一部分加以保存，考虑到鉴于威胁这类遗产的新危险的规模和严重性，整个国际社会有责任通过提供集体性援助来参与保护具有突出的普遍价值的文化遗产和自然遗产；这种援助尽管不能代替有关国家采取的行动，但将成为它的有效补充，考虑到为此有必要通过采用公约形式的新规定，以便为集体保护具有突出的普遍价值的文化遗产和自然遗产建立一个依据现代科学方法组织的永久性的有效制度，在第十六届会议上曾决定就此问题制订一项国际公约，于 1972 年 11 月 16 日通过本公约。

I. 文化遗产和自然遗产的定义

第一条 为实现本公约的宗旨，下列各项应列为"文化遗产"：

古迹：从历史、艺术或科学角度看具有突出的普遍价值的建筑物、碑雕和碑画、具有考古性质的成分或构造物、铭文、窟洞以及景观的联合体；

建筑群：从历史、艺术或科学角度看在建筑式样、分布均匀或与环境景色结合方面具有突出的普遍价值的单立或连接的建筑群；

遗址：从历史、审美、人种学或人类学角度看具有突出的普遍价值的人类工程或自然与人的联合工程以及包括有考古地址的区域。

第二条 为实现本公约的宗旨，下列各项应列为"自然遗产"：

从审美或科学角度看具有突出的普遍价值的由物质和生物结构或这类结构群组成的自然景观；

从科学或保护角度看具有突出的普遍价值的地质和地文结构以及明确划为受到威

胁的动物和植物生境区;

从科学、保存或自然美角度看具有突出的普遍价值的天然名胜或明确划分的自然区域。

第三条　本公约缔约国均可自行确定和划分上面第一条和第二条中提及的、本国领土内的各种不同的财产。

Ⅱ. 文化遗产和自然遗产的国家保护和国际保护

第四条　本公约缔约国承认,保证第一条和第二条中提及的、本国领土内的文化遗产和自然遗产的确定、保护、保存、展出和传给后代,主要是有关国家的责任。该国将为此目的竭尽全力,最大限度地利用本国资源,适当时利用所能获得的国际援助和合作,特别是财政、艺术、科学及技术方面的援助和合作。

第五条　为确保本公约各缔约国为保护、保存和展出本国领土内的文化遗产和自然遗产采取积极有效的措施,本公约各缔约国应视本国具体情况尽力做到以下几点:

1. 通过一项旨在使文化遗产和自然遗产在社会生活中起一定作用,并把遗产保护工作纳入全面规划纲要的总政策;

2. 如本国内尚未建立负责文化遗产和自然遗产的保护、保存和展出的机构,则建立一个或几个此类机构,配备适当的工作人员和为履行其职能所需的手段;

3. 发展科学和技术研究,并制订出能够抵抗威胁本国文化或自然遗产的危险的实际方法;

4. 采取为确定、保护、保存、展出和恢复这类遗产所需的适当的法律、科学、技术、行政和财政措施;

5. 促进建立或发展有关保护、保存和展出文化遗产和自然遗产的国家或地区培训中心,并鼓励这方面的科学研究。

第六条

(一)本公约缔约国,在充分尊重第一条和第二条中提及的文化遗产和自然遗产的所在国的主权,并不使国家立法规定的财产权受到损害的同时,承认这类遗产是世界遗产的一部分,因此,整个国际社会有责任进行合作,予以保护。

(二)缔约国同意,按照本公约的规定,应有关国家的要求帮助该国确定、保护、保存和展出第十一条第(二)和第(四)款中提及的文化遗产和自然遗产。

(三)本公约缔约国同意不故意采取任何可能直接或间接损害第一条和第二条中提及的位于本公约其他缔约国领土内的文化遗产和自然遗产的措施。

第七条　为实现本公约的宗旨,世界文化遗产和自然遗产的国际保护应被理解为建立一个旨在支持本公约缔约国保存和确定这类遗产的努力的国际合作和援助系统。

III. 保护世界文化遗产和自然遗产政府间委员会

第八条

（一）在联合国教育、科学及文化组织内，现建立一个保护具有突出的普遍价值的文化遗产和自然遗产的政府间委员会，称为"世界遗产委员会"。委员会由联合国教育、科学及文化组织大会常会期间召集的本公约缔约国大会选出的 15 个缔约国组成。委员会成员国的数目将自本公约至少在 40 个缔约国生效后的大会常会之日起增至 21 个。

（二）委员会委员的选举须保证均衡地代表世界的不同地区和不同文化。

（三）国际文物保存与修复研究中心（罗马中心）的一名代表、国际古迹遗址理事会的一名代表，以及国际自然及自然资源保护联盟的一名代表，可以咨询者身份出席委员会的会议。此外，应联合国教育、科学及文化组织大会常会期间参加大会的本公约缔约国提出的要求，其他具有类似目标的政府间或非政府组织的代表也可以咨询者身份出席委员会的会议。

第九条

（一）世界遗产委员会成员国的任期自当选之应届大会常会结束时起至应届大会后第三次常会闭幕时止。

（二）但是，第一次选举时指定的委员中，有 1/3 的委员的任期应于当选之应届大会后第一次常会闭幕时截止；同时指定的委员中，另有 1/3 的委员的任期应于当选之应届大会后第二次常会闭幕时截止。这些委员由联合国教育、科学及文化组织大会主席在第一次选举后抽签决定。

（三）委员会成员国应选派在文化或自然遗产方面有资历的人员担任代表。

第十条

（一）世界遗产委员会应通过其议事规则。

（二）委员会可随时邀请公共或私立组织或个人参加其会议，以就具体问题进行磋商。

（三）委员会可设立它认为为履行其职能所需的咨询机构。

第十一条

（一）本公约各缔约国应尽力向世界遗产委员会递交一份关于本国领土内适于列入本条第（二）款所述《世界遗产目录》的组成文化遗产和自然遗产的财产的清单。这份清单不应当看做是详尽无遗的。清单应包括有关财产的所在地及其意义的文献资料。

（二）根据缔约国按照第（一）款规定递交的清单，委员会应制订、更新和出版一份《世界遗产目录》，其中所列的均为本公约第一条和第二条确定的文化遗产和自然遗产的组成部分，也是委员会按照自己制订的标准认为是具有突出的普遍价值的财产。一份最新目录应至少每两年分发一次。

（三）把一项财产列入《世界遗产目录》需征得有关国家同意。当几个国家对某一领土的主权或管辖权均提出要求时，将该领土内的一项财产列入《目录》不得损害争端各方的权利。

（四）委员会应在必要时制订、更新和出版一份《处于危险的世界遗产目录》，其中所列财产均为载于《世界遗产目录》之中、需要采取重大活动加以保护并根据本公约要求需给予援助的财产。《处于危险的世界遗产目录》应载有这类活动的费用概算，并只可包括文化遗产和自然遗产中受到下述严重的特殊危险威胁的财产。这些危险是：蜕变加剧、大规模公共和私人工程、城市或旅游业迅速发展的项目造成的消失威胁；土地的使用变动或易主造成的破坏；未知原因造成的重大变化；随意摒弃；武装冲突的爆发或威胁；灾害和灾变；严重火灾、地震、山崩；火山爆发；水位变动、洪水和海啸等。委员会在紧急需要时可随时在《处于危险的世界遗产目录》中增列新的条目并立即予以发表。

（五）委员会应确定属于文化或自然遗产的财产可被列入本条第（二）和第（四）款中提及的目录所依据的标准。

（六）委员会在拒绝一项要求列入本条第（二）和第（四）款中提及的目录之一的申请之前，应与有关文化或自然财产所在缔约国磋商。

（七）委员会经与有关国家商定，应协调和鼓励为拟订本条第（二）和第（四）款中提及的目录所需进行的研究。

第十二条 未被列入第十一条第（二）和第（四）款提及的两个目录的属于文化或自然遗产的财产，绝非意味着在列入这些目录的目的之外的其他方面不具有突出的普遍价值。

第十三条

（一）世界遗产委员会应接收并研究本公约缔约国就已经列入或可能适于列入第十一条第（二）和第（四）款中提及的目录的本国领土内成为文化或自然遗产的财产，要求国际援助而递交的申请。这种申请的目的可以是保证这类财产得到保护、保存、展出或恢复。

（二）当初步调查表明有理由进行深入的时候，根据本条第（一）款中提出的国际援助申请还可以涉及鉴定哪些财产属于第一条和第二条所确定的文化或自然遗产。

（三）委员会应就对这些申请所需采取的行动作出决定，适当时应确定其援助的性质和程度，并授权以它的名义与有关政府作出必要的安排。

（四）委员会应制订其活动的优先顺序并在进行这项工作时应考虑到需予保护的财产对世界文化遗产和自然遗产各具的重要性、对最能代表一种自然环境或世界各国人民的才华和历史的财产给予国际援助的必要性、所需开展工作的迫切性、受到威胁的财产所在的国家现有的资源、特别是这些国家利用本国手段保护这类财产的能力大小。

（五）委员会应制订、更新和发表已给予国际援助的财产目录。

（六）委员会应就根据本公约第十五条设立的基金的资金使用问题作出决定。委员会应设法增加这类资金，并为此目的采取一切有益的措施。

（七）委员会应与拥有与本公约目标相似的目标的国际和国家级政府组织和非政府组织合作。委员会为实施其计划和项目，可约请这类组织，特别是国际文物保存与修复研究中心（罗马中心）、国际古迹遗址理事会和国际自然及自然资源保护联盟，并可约请公共和私立机构及个人。

（八）委员会的决定应经出席及参加表决的委员的 2/3 多数通过。委员会委员的多数构成法定人数。

第十四条

（一）世界遗产委员会应由联合国教育、科学及文化组织总干事任命组成的一个秘书处协助工作。

（二）联合国教育、科学及文化组织总干事应尽可能充分利用国际文物保存与修复研究中心（罗马中心）、国际古迹遗址理事会和国际自然及自然资源保护联盟在各自职权能力范围内提供的服务，为委员会准备文件资料，制订委员会会议议程，并负责执行委员会的决定。

Ⅳ. 保护世界文化遗产和自然遗产基金

第十五条

（一）现设立一项保护具有突出的普遍价值的世界文化遗产和自然遗产基金，称为"世界遗产基金"。

（二）根据联合国教育、科学及文化组织《财务条例》的规定，此项基金应构成一项信托基金。

（三）基金的资金来源应包括：

1. 本公约缔约国义务捐款和自愿捐款；

2. 下列方面可能提供的捐款、赠款或遗赠：

（1）其他国家；

（2）联合国教育、科学及文化组织、联合国系统的其他组织（特别是联合国开发计划署）或其他政府间组织；

（3）公共或私立团体或个人。

3. 基金款项所得利息；

4. 募捐的资金和为本基金组织的活动的所得收入；

5. 世界遗产委员会拟订的基金条例所认可的所有其他资金。

（四）对基金的捐款和向委员会提供的其他形式的援助只能用于委员会限定的目的。委员会可接受仅用于某个计划或项目的捐款，但以委员会业已决定实施该计划或项目为条件。对基金的捐款不得带有政治条件。

第十六条

（一）在不影响任何自愿补充捐款的情况下，本公约缔约国同意，每两年定期向世界遗产基金纳款，本公约缔约国大会应在联合国教育、科学及文化组织大会届会期间开会确定适用于所有缔约国的一个统一的纳款额百分比。缔约国大会关于此问题的决定，需由未作本条第（二）款中所述声明的、出席及参加表决的缔约国的多数通过。本公约缔约国的义务纳款在任何情况下都不得超过对联合国教育、科学及文化组织正常预算纳款的1%。

（二）然而，本公约第三十一条或第三十二条中提及的国家均可在交存批准书、接受书或加入书时声明不受本条（一）规定的约束。

（三）已作本条第（二）款中所述声明的本公约缔约国可随时通过通知联合国教育、科学及文化组织总干事收回所作声明。然而，收回声明之举在紧接的一届本公约缔约国大会之日以前不得影响该国的义务纳款。

（四）为使委员会得以有效地规划其活动，已作本条第（二）款中所述声明的本公约缔约国应至少每两年定期纳款，纳款不得少于它们如受本条第（一）款规定约束所需交纳的款额。

（五）凡拖延交付当年和前一日历年的义务纳款或自愿捐款的本公约缔约国，不能当选为世界遗产委员会成员，但此项规定不适用于第一次选举。

属于上述情况但已当选委员会成员的缔约国的任期，应在本公约第八条第（一）款规定的选举之时截止。

第十七条　本公约缔约国应考虑或鼓励设立旨在为保护本公约第一条和第二条中所确定的文化遗产和自然遗产募捐的国家、公共及私立基金会或协会。

第十八条　本公约缔约国应对在联合国教育、科学及文化组织赞助下为世界遗产基金所组织的国际募款运动给予援助。它们应为第十五条第（三）款中提及的机构为此目的所进行的募款活动提供便利。

Ⅴ．国际援助的条件和安排

第十九条　凡本公约缔约国均可要求对本国领土内组成具有突出的普遍价值的文化或自然遗产的财产给予国际援助。它在递交申请时还应按照第二十一条规定提交所拥有的并有助于委员会作出决定的情报和文件资料。

第二十条　除第十三条第（二）款、第二十二条3项和第二十三条所述情况外，本公约规定提供的国际援助仅限于世界遗产委员会业已决定或可能决定列入第十一条第（二）和第（四）款中所述目录的文化遗产和自然遗产的财产。

第二十一条

（一）世界遗产委员会应制订对向它提交的国际援助申请的审议程序，并应确定申请应包括的内容，即打算开展的活动、必要的工程、工程的预计费用和紧急程度以及申请国的资源不能满足所有开支的原因所在。这类申请须尽可能附有专家报告。

（二）对因遭受灾难或自然灾害而提出的申请，由于可能需要开展紧急工作，委员会应立即给予优先审议，委员会应掌握一笔应急储备金。

（三）委员会在作出决定之前，应进行它认为必要的研究和磋商。

第二十二条　世界遗产委员会提供的援助可采取下述形式：

1．研究在保护、保存、展出和恢复本公约第十一条第（二）和第（四）款所确定的文化遗产和自然遗产方面所产生的艺术、科学和技术性问题；

2．提供专家、技术人员和熟练工人，以保证正确地进行已批准的工程；

3．在各级培训文化遗产和自然遗产的鉴定、保护、保存、展出和恢复方面的工作人员和专家；

4．提供有关国家不具备或无法获得的设备；

5．提供可长期偿还的低息或无息贷款；

6．在例外并具有特殊原因的情况下提供无偿补助金。

第二十三条　世界遗产委员会还可向培训文化或自然遗产的鉴定、保护、保存、展出和恢复方面的各级工作人员和专家的国家或地区中心提供国际援助。

第二十四条　在提供大规模的国际援助之前，应先进行周密的科学、经济和技术研究。这些研究应考虑采用保护、保存、展出和恢复自然遗产和文化遗产方面最先进的技术，并应与本公约的目标相一致。这些研究还应探讨合理利用有关国家现有资源的手段。

第二十五条　原则上，国际社会只担负必要工程的部分费用。除非本国资源不许可，受益于国际援助的国家承担的费用应构成用于各项计划或项目的资金的主要份额。

第二十六条　世界遗产委员会和受援国应在它们签订的协定中，确定关于获得根据本公约规定提供的国际援助的计划或项目的实施条件。接受这类国际援助的国家应负责按照协定制订的条件，对如此卫护的财产继续加以保护、保存和展出。

Ⅵ．教育计划

第二十七条

（一）本公约缔约国应通过一切适当手段，特别是教育和宣传计划，努力增强本国人民对本公约第一条和第二条中确定的文化和自然遗产的赞赏和尊重。

（二）缔约国应使公众广泛了解对这类遗产造成威胁的危险和为履行本公约进行的活动。

第二十八条　接受根据本公约提供的国际援助的缔约国应采取适当措施，使人们了解接受援助的财产的重要性和国际援助所发挥的作用。

Ⅶ．报告

第二十九条

（一）本公约缔约国在按照联合国教育、科学及文化组织大会确定的日期和方式向该组织大会递交的报告中，应提供有关它们为实施本公约所通过的立法和行政规定以及采取的其他行动的情况，并详述在这方面获得的经验。

（二）应提请世界遗产委员会注意这些报告。

（三）委员会应在联合国教育、科学及文化组织大会的每届常会上递交一份关于其活动的报告。

VIII. 最后条款

第三十条　本公约以阿拉伯文、英文、法文、俄文和西班牙文拟订，五种文本同一作准。

第三十一条

（一）本公约应由联合国教育、科学及文化组织会员国根据各自的宪法程序予以批准或接受。

（二）批准书或接受书应交联合国教育、科学及文化组织总干事保存。

第三十二条　（一）所有非联合国教育、科学及文化组织会员的国家，经该组织大会邀请均可加入本公约。

（二）向联合国教育、科学及文化组织总干事交存加入书后，加入方才有效。

第三十三条　本公约须在第 20 份批准书、接受书或加入书交存之日的 3 个月之后生效，但这仅涉及在该日或该日之前交存各自批准书、接受书或加入书的国家。就任何其他国家而言，本公约应在这些国家交存其批准书、接受书或加入书的 3 个月之后生效。

第三十四条　下述规定适用于拥有联邦制或非单一立宪制的本公约缔约国：

1．在联邦或中央立法机构的法律管辖下实施本公约规定的情况下，联邦或中央政府的义务应与非联邦国家的缔约国的义务相同；

2．在无须按照联邦立宪制采取立法措施的联邦各个国家、地区、省或州的法律管辖下实施本公约规定的情况下，联邦政府应将这些规定连同其应予通过的建议一并通知各个国家、地区、省或州的主管当局。

第三十五条

（一）本公约缔约国均可废弃本公约。

（二）废弃通告应以一份书面文件交存联合国教育、科学及文化组织的总干事。

（三）公约的废弃应在接到废约通告书 12 个月后生效。废弃在生效日之前不得影响退约国承担的财政义务。

第三十六条　联合国教育、科学及文化组织总干事应将第三十一条和第三十二条规定交存的所有批准书、接受书或加入书以及第三十五条规定的废弃等事项通告本组织会员国、第三十二条中提及的非本组织会员的国家以及联合国。

第三十七条

（一）本公约可由联合国教育、科学及文化组织的大会修订。但任何修订只对将成为修订公约的缔约国具有约束力。

（二）如大会通过一项全部或部分修订本公约的新公约，除非新公约另有规定，本公约应从新的修订公约生效之日起停止批准、接受或加入。

第三十八条　按照《联合国宪章》第一百零二条，本公约需应联合国教育、科学及文化组织总干事的要求在联合国秘书处登记。

1972 年 11 月 23 日订于巴黎，两个正式文本均有第十七届会议主席和联合国教育、科学及文化组织总干事的签字，由联合国教育、科学及文化组织存档，经验明无误之副本将分送至第三十一条和第三十二条所述之所有国家以及联合国。

前文系联合国教育、科学及文化组织大会在巴黎举行的，于 1972 年 11 月 21 日宣布闭幕的第十七届会议通过的《公约》正式文本。

1972 年 11 月 23 日签字，以昭信守。

附录 2 《保护世界文化和自然遗产公约操作指南》

联合国教育、科学与文化组织
保护世界文化与自然遗产的政府间委员会

世界遗产中心

《操作指南》应定期修订，以体现世界遗产委员会的各项决定。请访问下面教科文组织世界遗产中心网址，检查《操作指南》的日期，确认您使用的是最新版本。可从世界遗产中心获取《操作指南》（英文和法文）、《保护世界文化与自然遗产公约》全文（五种语言）及其他世界遗产相关的文件和信息：

世界遗产中心

地址：7，place de Fontenoy

75352 Paris 07 SP

France

电话：+33（0）1 4568 1876

传真：+33（0）1 4568 5570

E-mail：wh-info@unesco.org

链接：http://whc.unesco.org/

http://whc.unesco.org/en/guidelines（英文）

http://whc.unesco.org/fr/orientations（法文）

缩略语	
DoCoMoMo	国际现代主义建筑古迹遗址保护与记录委员会
ICCROM	国际文化遗产保护与修复研究中心
ICOMOS	国际古迹遗址理事会
IFLA	国际景观设计师联合会
IUCN	世界自然保护联盟（前国际自然及自然资源保护联盟）
IUGS	国际地质科学联合会
MAB	教科文组织人与生物圈项目
NGO	非政府组织
TICCIH	国际工业遗产保护委员会
UNEP	联合国环境项目（环境规划署）
UNEP-WCMC	世界保护监控中心（联合国环境规划署）
UNESCO	联合国教育、科学与文化组织

Ⅰ．引言	
Ⅰ.A　《操作指南》	
1.《保护世界文化与自然遗产公约的操作指南》（以下简称《操作指南》）的宗旨在于协助《保护世界文化和自然遗产公约》（以下简称《世界遗产公约》或《公约》）的实施，并为开展下列工作设定相应的程序： a）将遗产列入《世界遗产名录》和《濒危世界遗产名录》 b）世界遗产的保护和管理 c）世界遗产基金项下提供的国际援助以及 d）调动国内和国际力量为《公约》提供支持。	
2.《操作指南》将会定期修改，以反映世界遗产委员会的决策 《操作指南》的发展历程可参见以下网址：http://whc.unesco.org/en/guidelineshistorical	
3.《操作指南》主要使用者： a）《世界遗产公约》的缔约国； b）保护具有突出的普遍价值的文化和自然遗产政府间委员会，以下简称"世界遗产委员会"或"委员会"； c）世界遗产委员会秘书处，即联合国教育、科学及文化组织世界遗产中心，以下简称"秘书处"； d）世界遗产委员会的专家咨询机构； e）参与世界遗产保护的遗产地管理人员、利益相关人和合作伙伴	

I.B《世界遗产公约》	
4. 无论对各国，还是对全人类而言，文化和自然遗产都是无可估价和无法替代的财产。这些最珍贵的财富，一旦遭受任何破坏或消失，都是对世界各族人民遗产的一次浩劫。这些遗产的一部分，具有独一无二特性，可以认为具有"突出的普遍价值"，因而需加以特殊的保护，以消除日益威胁这些遗产的危险。	
5. 为了尽可能保证对世界遗产正确的确认、保护、管理和展示，联合国教育、科学及文化组织成员国于 1972 年通过了《世界遗产公约》。《公约》提出了建立世界遗产委员会和世界遗产基金，二者自 1976 年开始运行。	
6. 自从 1972 年通过《公约》以来，国际社会全面接受了"可持续发展"这一概念。而保护、正确管理自然和文化遗产即是对可持续发展的一个巨大贡献。	
7.《公约》旨在正确地确认、保护、管理、展示具有突出的普遍价值的文化和自然遗产，并将其代代相传。	
8. 遗产列入《世界遗产名录》的标准和条件已被确立，以评估遗产是否具有突出的普遍价值，并指导缔约国对世界遗产的保护和管理。	
9. 当《世界遗产名录》上的某项遗产受到了严重的特殊的威胁，委员会应该考虑将该遗产列入《濒危世界遗产名录》。当促成某遗产地被列入《世界遗产名录》的突出地普遍价值遭到破坏，委员会应该考虑将该遗产从《世界遗产名录》上删除。	
I.C《世界遗产公约》缔约国	
10. 鼓励各个国家加入《公约》，成为缔约国。附件 1 收录了同意、接受和正式加入公约的文书范本。签署后的文本原件应递交联合国教育、科学及文化组织总干事。	
11.《公约》缔约国名单可参见以下网址：http://whc.unesco.org/en/statesparties	
12. 鼓励《公约》各缔约国确保各利益相关方，包括遗产地管理者、地方和地区政府、当地社区、非政府组织（NGO）、其他相关团体和合作伙伴，参与世界遗产的确认、申报和保护。	
13.《公约》各缔约国应向秘书处提供作为实施《公约》的国家协调中心的政府负责机构的名称和地址，以便秘书处把各种官方信函和文件送达该机构。这些机构的地址列表可参见以下网址：http://whc.unesco.org/en/statespartiesfocalpoints 鼓励《公约》各缔约国在全国范围内公开以上信息并保证信息的更新。	
14. 鼓励各缔约国召集本国文化和自然遗产专家，定期讨论《公约》的实施。各缔约国可以适当邀请专家咨询机构的代表和其他专家参加讨论。	
15. 在充分尊重文化和自然遗产所在国主权的同时，《公约》各缔约国也应该认识到，合作开展遗产保护工作符合国际社会的共同利益。《世界遗产公约》各缔约国有责任做到以下几点：	《世界遗产公约》第 6（1）条。
a）缔约国应该保证在本国境内文化和自然遗产的确认、申报、保护、管理、展示和传承。并就以上事宜为提出要求的其他成员国提供帮助；	《世界遗产公约》第 4 条和第 6（2）条。
b）实施系列整体政策，旨在使遗产在当地社会生活中发挥作用；	《世界遗产公约》第 5 条。

c）将遗产保护纳入全面规划方案；	
d）建立负责遗产保护、管理和展示的服务性机构；	
e）开展和加强科学技术研究，并找到消除威胁本国遗产危险因素的实际方法；	
f）采取适当的法律、科学、技术、行政和财政手段来保护遗产；	
g）促进建立或发展有关保护、管理和展示文化和自然遗产的国家或地区培训中心，并鼓励这些领域的科学研究；	
h）本公约各缔约国不得故意采取任何可能直接或间接损害本国或其他缔约国领土内遗产的措施；	《世界遗产公约》第6（3）条。
i）本公约各缔约国应向世界遗产委员会递交一份本国领土内适于列入《世界遗产名录》的遗产清单（也就是所指的《预备清单》）；	《世界遗产公约》第11（1）条。
j）本公约缔约国定期向世界遗产基金捐款，捐款额由公约缔约国大会决定；	《世界遗产公约》第16（1）条。
k）本公约缔约国应考虑和鼓励设立国家、公共、私人基金会或协会，以促进保护世界遗产的资金捐助；	《世界遗产公约》第17条。
l）协助为世界遗产基金的开展的国际性募款运动；	《世界遗产公约》第18条。
m）通过教育和宣传活动，努力增强本国人民对公约第1和2条中所确定的文化和自然遗产的赞赏和尊重，并使公众加深了解遗产面临的威胁；	《世界遗产公约》第27条。
n）向世界遗产委员会递交报告，详述《世界遗产公约》的实施情况和遗产保护状况；并且	《世界遗产公约》第29条。1997年第十一届缔约国大会通过《决议》。
16．鼓励各公约缔约国参加世界遗产委员会及其附属机构的各届会议。	《世界遗产委员会议事规则》第8.1条。
I.D《世界遗产公约》缔约国大会	
17．本公约缔约国大会在联合国教科文组织大会期间召开。缔约国大会根据《议事规则》组织会议，相关内容可登录以下网址查询：http://whc.unesco.org/en/garules	《世界遗产公约》第8（1）条，《世界遗产委员会议事规则》第49条。
18．大会确定适用于所有缔约国的统一缴款比例，并选举世界遗产委员会委员。缔约国大会和联合国教科文组织大会都将收到世界遗产委员会关于各项活动的报告。	《世界遗产公约》第8（1）条、第16（1）条和第29条；《世界遗产委员会议事规则》第49条。
I.E 世界遗产委员会	
19．世界遗产委员会由二十一个成员国组成，每年（6月/7月）至少开一次会议。委员会设有主席团，通常在委员会常会期间频繁会晤协商。委员会及其主席团的构成可登录以下网址查询：http://whc.unesco.org/en/committeemembers	通过世界遗产中心，即世界遗产委员会秘书处，可以和委员会取得联系。
20．世界遗产委员会根据《议事规则》召开会议，可登录以下网址查询：http://whc.unesco.org/committeerules	
21．世界遗产委员会成员任期六年。然而，为了保证世界遗产委员会均衡的代表性和轮值制，大会向缔约国提出自愿考虑将任期从六年缩短至四年，并不鼓励连任。	《世界遗产公约》第9（1）条《世界遗产公约》第8（2）条和《世界遗产公约》缔约国第七届（1989年）、第十二届（1999年）及第十三届（2001年）大会决议。

22. 根据委员会在缔约国大会之前会晤中所作的决定，为尚无遗产列入《世界遗产名录》的缔约国保留一定数量的席位。	《缔约国大会议事规则》第14.1条
23. 委员会的决定基于客观和科学的考虑，其通过的决议都应得到彻底、负责地贯彻实行。委员会认识到此类决定的形成取决于以下几个方面： a）认真准备的文献记录； b）彻底并且连贯统一的程序； c）有资质的专家评估；以及 d）如有必要，使用专家仲裁。	
24. 委员会的主要职能是与缔约国合作开展下述工作：	
a）根据缔约国递交的"预备清单"和申报文件，确认将按照《公约》规定实施保护的具有突出的普遍价值的文化遗产和自然遗产，并把这些遗产列入《世界遗产名录》；	《世界遗产公约》第11（2）款。
b）通过反应性监测（参见第Ⅳ章）和定期报告（参见第Ⅴ章）核查已经列入《世界遗产名录》遗产的保护状况；	《世界遗产公约》第11（7）条和第29条。
c）决定《世界遗产名录》中哪些遗产应该列入《濒危世界遗产名录》或从中删除；	《世界遗产公约》第11（4）条和第11（5）条。
d）决定是否将某项遗产从《世界遗产名录》中删除（参见第Ⅳ章）；	
e）制定对提交国际援助申请的审议程序，并在作出决定之前，进行必要的调查和磋商（参见第Ⅶ章）；	《世界遗产公约》第21（1）条和第21（3）条。
f）决定如何发挥世界遗产基金资源的最大优势，帮助各缔约国保护其具有突出的普遍价值的遗产；	《世界遗产公约》第13（6）条。
g）采取措施设法增加世界遗产基金；	
h）每两年向缔约国大会和联合国教科文组织大会递交一份工作报告；	《世界遗产公约》第29（3）条和《世界遗产委员会议事规则》第49条。
i）定期审查和评估《公约》实施情况；	
j）修改并通过《操作指南》。	
25. 为了促进《公约》的实施，委员会制定了战略目标，并定期审查和修改这些目标，保证有效针对、涵盖对世界遗产的新威胁。	1992年委员会通过的第一份《战略方向》已收入WHC-92/CONF.002/12号文件，见附件Ⅱ。
26. 目前的战略目标（简称"4C"）是： 1.增强《世界遗产名录》的可信度； 2.保证世界遗产的有效保护； 3.推进各缔约国有效的能力建设； 4.通过宣传增强大众对世界遗产保护的认识、参与和支持。	2002年世界遗产委员会修改了战略目标。《布达佩斯世界遗产宣言》（2002年）可登录下面网址查询：http://whc.unesco.org/en/budapestdeclaration
I.F 世界遗产委员会秘书处（世界遗产中心）	联合国教育、科学及文化组织世界遗产中心地址：法国巴黎（7, place de Fontenoy 75352 Paris 07 SP France） 电话：+33（0）1 4568 1571 传真：+33（0）1 4568 5570 电子邮箱： wh-info@unesco.org 网址：http://whc.unesco.org/

27．由联合国教育、科学及文化组织总干事指定的秘书处协助世界遗产委员会工作。为此，1992 年创建了世界遗产中心，担负秘书处的职能，联合国教科文组织总干事指派世界遗产中心主任为委员会的秘书。秘书处协助和协调缔约国和专家咨询机构的工作。秘书处还与联合国教科文组织的其他部门和外地办事处密切合作。	《世界遗产公约》第 14 条。《世界遗产委员会议事规则》第 43 条。2003 年 10 月 21 日《通函 16 号》，可登录以下网址查询：http://whc.unesco.org/circs/circ03-16e.pdf
28．秘书处主要任务包括：	
a）组织缔约国大会和世界遗产委员会的会议；	《世界遗产公约》第 14.2 条。
b）执行世界遗产委员会的各项决定和缔约国大会通过的决议，并向委员会和大会汇报执行情况；	《世界遗产公约》第 14.2 条。《布达佩斯世界遗产宣言》（2002 年）
c）接收、登记世界遗产申报文件，检查其完整性、存档并呈递到相关的专家咨询机构；	
d）协调各项研究和活动，作为加强《世界遗产名录》代表性、平衡性和可信性全球战略的一部分；	
e）组织定期报告和协调反应性监测；	
f）协调国际援助；	
g）调动预算外资金保护和管理世界遗产；	
h）协助各缔约国实施委员会的各方案和项目；以及	
i）通过向缔约国、专家咨询机构和公众发布信息，促进世界遗产的保护，增强对《公约》的认识。	
29．开展这些活动要服从于委员会的各项决定和战略目标以及缔约国大会的各项决议，并与专家咨询机构密切合作。	
I.G 世界遗产委员会专家咨询机构	
30．世界遗产委员会的专家咨询机构包括：ICCROM（国际文物保护与修复研究中心），ICOMOS（国际古迹遗址理事会）以及 IUCN（世界自然保护联盟）。	《世界遗产公约》第 8.3 条。
31．专家咨询机构的角色：	
a）以本领域的专业知识指导《世界遗产公约》的实施；	《世界遗产公约》第 13.7 条。
b）协助秘书处准备委员会需要的文献资料，安排会议议程并协助实施委员会的决定；	
c）协助实施和发展建立具有代表性、平衡性和可信性的《世界遗产名录》的全球战略，实施发展全球培训战略，定期报告制度以及加强世界遗产基金的有效使用；	
d）监督世界遗产的保护状况并审查要求国际援助的申请；	《世界遗产公约》第 14.2 条。
e）国际古迹遗址理事会和国际自然保护联盟负责评估申请列入《世界遗产名录》的遗产，并向委员会呈递评估报告；并	
f）以顾问的身份，列席世界遗产委员会及其主席团会议	《世界遗产公约》第 8.3 条。

国际文物保护和修复研究中心 32. ICCROM，即国际文物保护与修复研究中心，是一个政府间组织，总部设在意大利的罗马。1956 年由联合国教科文组织创建。根据规定，该中心的职能是开展调查研究，编撰文献资料，提供技术援助、培训和实施提升公众意识的项目，以加强对可移动和不可移动文化遗产的保护。 33. 国际文物保护与修复研究中心和《公约》相关的特殊职责包括：文化遗产培训领域的首要合作伙伴，监测世界遗产保护状况，审查由缔约国提交的国际援助申请，以及为能力建设活动出力献策和提供支持。	国际文物保护和修复研究中心地址： 意大利罗马（Via di S. Michele，13 I-00153 Rome，Italy） 电话：+39 06 585531 传真：+39 06 5855 3349 电子邮箱： iccrom@iccrom.org 网址：http://www.iccrom.org/
国际古迹遗址理事会 34. ICOMOS，即国际古迹遗址理事会，是一个非政府组织，总部在法国巴黎，创建于 1956 年。理事会的作用在于推广建筑和考古遗产保护理论、方法和科学技术的应用。理事会的工作以 1964 年《国际古迹遗址保护和修复宪章》（又称《威尼斯宪章》）的原则为基准。 35. 国际古迹遗址理事会和《公约》相关的特殊职责包括：评估申报世界遗产的项目，监督世界遗产保护状况，审查由缔约国提交的国际援助申请，以及为能力建设活动出力献策和提供支持。	国际古迹遗址理事会 法国巴黎（49-51，rue de la Fédération 75015 Paris，France） 电话：+33（0）1 45 67 67 70 传真：+33（0）1 45 66 06 22 电子邮箱： secretariat@icomos.org 网址：http://www.icomos.org/
世界自然保护联盟 36. IUCN，即世界自然保护联盟（前身是国际自然和自然资源保护联盟），创建于 1948 年，为各国政府、非政府组织和科学工作者在世界范围的合作提供了机会。其使命在于影响、鼓励和协助世界各团体保护自然生态环境的完整性和多样性，并确保任何对自然资源的使用都是公正并符合生态可持续发展的。世界自然保护联盟总部设在瑞士格兰德。 37. 世界保护自然联盟和《公约》相关的特殊职责包括：评估申报世界遗产的项目，监督世界遗产保护状况，审查由缔约国提交的国际援助申请，以及为能力建设活动出力献策和提供支持。	IUCN——世界保护自然联盟 地址：瑞士格兰德（rue Mauverney 28 CH-1196 Gland，Switzerland） 电话：+ 41 22 999 0001 传真：+41 22 999 0010 电子邮箱： mail@hq.iucn.org 网址：http://www.iucn.org
I.H 其他组织	
38. 委员会可能号召其他具有一定能力和专业技术的国际组织和非政府组织协助其方案和项目的实施。	
I.I 保护世界遗产的合作伙伴	
39. 在申报、管理和监督工作中采取多方合作形式，有力地促进了世界遗产的保护和《公约》的实施。	
40. 保护和管理世界遗产的合作伙伴可以是：个人和其他利益相关方，尤其是对世界遗产的保护和管理感兴趣并参与其中的当地社区、政府组织、非政府组织和私人组织以及财产所有人。	
I.J 其他公约、倡议和方案	
41. 世界遗产委员会认识到，密切协调好与联合国教科文组织其他方案及其相关公约的工作是受益匪浅的。相关国际保护文件、公约和方案，参见第 44 段。	

42．在秘书处的支持下，世界遗产委员会将保证《世界遗产公约》和其他公约、方案以及和保护文化和自然遗产有关的国际组织之间适当的协调，信息共享。	
43．委员会可能邀请相关公约下政府间组织的代表作为观察员参加委员会的会议。如受到其他政府间组织的邀请，委员会可能派遣代表作为观察员列席会议。	
44．有关文化和自然遗产保护的部分全球性公约和方案 联合国教育、科学及文化组织公约和方案 《关于在武装冲突的情况下保护文化财产的公约》（1954 年） 草案一（1954 年） 草案二（1999 年） http://www.unesco.org/culture/laws/hague/html_eng/page1.shtml 《关于采取措施制止和防止文化财产非法进出口和所有权非法转让的公约》（1970 年） http://www.unesco.org/culture/laws/1970/html_eng/page1.shtml 《保护世界文化和自然遗产公约》（1972 年） http://www.unesco.org/whc/world_he.htm 《保护水下文化遗产公约》（2001 年） http://www.unesco.org/culture/laws/underwater/html_eng/convention.shtml 《保护非物质文化遗产公约》（2003 年） http://unesdoc.unesco.org/images/0013/001325/132540e.pdf "人类和生物圈"方案（MAB） http://www.unesco.org/mab/ 其他公约 《国际重要湿地尤其是作为水禽栖息地的湿地公约（拉姆萨尔公约）》（1971 年） http://www.ramsar.org/key_conv_e.htm 《野生动植物濒危物种国际贸易公约》（CITES）（1973 年） http://www.cites.org/eng/disc/text.shtml 《野生动物移栖物种保护公约》（CMS）（1979 年） http://www.unep-wcmc.org/cms/cms_conv.htm 《联合国海洋法公约》（UNCLOS）（1982 年） http://www.un.org/Depts/los/convention_agreements/texts/unclos/closindx.htm 《生物多样性公约》（1992 年） http://www.biodiv.org/convention/articles.asp 《私法协关于被盗或非法出口文物的公约》（罗马，1995 年） http://www.unidroit.org/english/conventions/culturalproperty/c-cult.htm 《联合国气候变化框架公约》（纽约，1992 年） http://unfccc.int/essential_background/convention/background/items/1350.php	

II.《世界遗产名录》	
II.A 世界遗产的定义	
文化和自然遗产	
45. 文化和自然遗产的定义见《世界遗产公约》第 1 条和第 2 条。	
第 1 条 在本公约中，以下各项为"文化遗产"： —文物古迹：从历史、艺术或科学角度看具有突出的普遍价值的建筑、碑雕和壁画、考古元素或结构、铭文、洞窟以及特殊联合体； —建筑群：从历史、艺术或科学角度看在建筑式样、整体和谐或与所处景观结合方面具有突出的普遍价值的独立的或相互连接的建筑群； —遗址：从历史、审美、人种学或人类学角度看具有突出的普遍价值的人类工程或自然与人联合的工程以及考古发掘所在地。 第 2 条 在本公约中，以下各项为"自然遗产"：. —从审美或科学角度看具有突出的普遍价值的由物质和生物结构或这类结构群组成的自然面貌； —从科学或保护角度看具有突出的普遍价值的地质和自然地理结构以及明确划为受威胁的动物和植物生境区； —从科学、保存或自然美角度看具有突出的普遍价值的天然名胜或明确划分的自然区域。	
文化和自然混合遗产	
46. 只有同时部分满足或完全满足《公约》第 1 条和第 2 条关于文化和自然遗产定义的财产才能认为是"文化和自然混合遗产"。	
文化景观	
47.《公约》第 1 条就指出文化景观属于文化财产，代表着"自然与人联合的工程"。它们反映了因物质条件的限制和/或自然环境带来的机遇，在一系列社会、经济和文化因素的内外作用下，人类社会和定居地的历史沿革。	附件 3
可移动遗产	
48. 对于可能发生迁移的不可移动遗产的申报将不予考虑。	
突出的普遍价值	
49. 突出的普遍价值指文化和/或自然价值之罕见超越了国家界限，对全人类的现在和未来均具有普遍的重大意义。因此，该项遗产的永久性保护对整个国际社会都具有至高的重要性。世界遗产委员会将这一条规定为遗产列入《世界遗产名录》的标准。	
50. 邀请各缔约国申报其认为具有"突出的普遍价值"的文化和/或自然遗产，以列入《世界遗产名录》。	
51. 遗产列入《世界遗产名录》时，世界遗产委员会会通过一个《突出的普遍价值声明》（见第 154 段），该声明将是以后遗产有效保护与管理的重要参考。	
52. 该《公约》不是旨在保护所有具有重大意义或价值的遗产，而只是保护那些从国际观点看具有最突出价值的遗产。不应该认为某项具有国家和/或区域重要性的遗产会自动列入《世界遗产名录》	

53. 员会的申报应该表明该缔约国在其力所能及的范围内将全力以赴保存该项遗产。这种承诺应该体现在建议和采纳合适的政策、法律、科学、技术、管理和财政措施,保护该项遗产以及遗产的突出的普遍价值。	
II.B 具有代表性、平衡性和可信性的《世界遗产名录》	
54. 委员会根据第 26 届会议确定的四个战略目标,致力于构建一个具有代表性、平衡性和可信性的《世界遗产名录》。(布达佩斯,2002)	《布达佩斯世界遗产宣言》所在网址: http://whc. unesco.org/en/budapestdeclaration
<u>构建具有代表性、平衡性、可信性的《世界遗产名录》的全球战略</u>	
55. 构建具有代表性、平衡性、可信性的《世界遗产名录》的全球战略旨在明确并填补《世界遗产名录》的主要空白。该战略鼓励更多的国家加入《保护世界文化与自然遗产公约》并按照 62 段中定义编撰《预备清单》、准备《世界遗产名录》申报文件(详情请登录: http://whc.unesco.org/en/globalstrategy)	关于"全球战略"的专家会议报告及构建具有代表性的世界遗产名录的主题研究报告(1994 年 6 月 20—22 日)在世界遗产委员会第 18 届大会通过。(福克,1994) 《全球战略》起初是为保护文化遗产提出的。应世界遗产委员会的要求,《全球战略》随后有所扩展,包括自然遗产和文化自然混合遗产
56. 鼓励各缔约国和专家咨询机构同秘书处及其他合作方合作,参与实施《全球战略》。为此,组织召开了"全球战略"区域及主题会议,并开展对比研究及主题研究。会议和研究成果将协助缔约国编撰《预备清单》和申报材料。可访问网址: http://whc.unesco.org/en/globalstrategy,查阅提交给世界遗产委员会的专家会议报告和研究报告。	
57. 要尽一切努力,保持《世界遗产名录》内文化和自然遗产的平衡。	
58. 没有正式限制《世界遗产名录》中遗产总数。	
<u>其他措施</u>	
59. 要构建具有代表性、平衡性、可信性的《世界遗产名录》,缔约国须考虑其遗产是否已在遗产名录上得到充分的代表,如果是,就要采取以下措施,放慢新申报的提交速度:	缔约国第 12 届会议通过的决议(1999 年)
a)依据自身情况,自主增大申报间隔,和/或;	
b)只申报名录内代表不足的类别遗产,和/或;	
c)每次申报都同名录内代表不足的缔约国的申报联系起来,或;	
d)自主决定暂停提交新的申报。	
60. 如果遗产具有突出的普遍价值,且在《世界遗产名录》上代表不足,这样的缔约国需要: a)优先考虑准备《预备清单》和申报材料; b)在所属区域内,寻求并巩固技术交流合作关系; c)鼓励双边和多边合作以增强缔约国负责遗产保护、保卫和管理机构的专业技能。 d)尽可能参加世界遗产委员会的各届会议	缔约国第 12 届会议通过的决议(1999 年)

61．委员会决定，在第 30 届大会（2006 年）上暂时试用以下机制： a）最多审查缔约国的两项完整申报，其中至少有一项与自然遗产有关；和 b）确定委员会每年审查的申报数目不超过 45 个，其中包括往届会议推迟审议的项目、再审项目、扩展项目（遗产限制的细微变动除外）、跨界项目和系列项目， c）优先顺序如下所示： 1）名录内尚没有遗产列入的缔约国提交的遗产申报； 2）不限国别，但申报是名录内没有或为数不多的自然或文化遗产类别； 3）其他申报； 4）采用该优先顺序机制时，如果某领域内委员会所确定的申报名额已满，则秘书处收到完整申报材料的日期将被作为第二决定因素来考虑。 该决定将会在委员会第 31 届会议（2007 年）上重新审议。	第 24 COM VI.2.3.3 号决定、第 28 COM 13.1 号决定和第 7EXT. COM 4B.1 号决定
II.C《预备清单》	
程序和格式	
62．《预备清单》是缔约国认为其境内具备世界遗产资格的遗产的详细目录，其中应包括其认为具有突出的普遍价值的文化和/或自然遗产的名称和今后几年内要申报的遗产的名称。	《保护世界文化与自然遗产公约》第 1、2 及 11（1）条规定
63．如果缔约国提交的申报遗产未曾列入该国的《预备清单》，委员会将 不予考虑。	第 24COM VI.2.3.2 号决定
64．鼓励缔约国在准备其《预备清单》时邀请各利益相关方包括遗产地管理人员、地方和地区政府、当地社区、非政府组织以及其他相关机构参与全过程。	
65．缔约国呈报《预备清单》至秘书处的时间最好提前申报遗产一年。委员会鼓励缔约国至少每十年重新审查或递交其《预备清单》。	
66．缔约国需要递交英文或法语的《预备清单》，且采用附件 2 所示的标准格式，其中包括遗产名称、地理位置、简短描述以及其具有突出的普遍价值的陈述。	
67．缔约国应将已签名的完整《预备清单》原件递交至：联合国教科文组织世界遗产中心 法国巴黎（7，place de Fontenoy，Paris 07 SP，France） 电话：+33（0） 1 4568 1136 电邮：wh-tentativelists@unesco.org	
68．如果所有信息均已提供，秘书处会将《预备清单》登记并转呈给相关专家咨询机构。每年都要向委员会递交所有《预备清单》的概要。秘书处与相关缔约国协商，更新其记录，将《预备清单》上已纳入《世界遗产名录》和已拒绝申报除名。	第 7EXT.COM 4A 号决定
69． 登录 http://whc.unesco.org/en/tentativelists，查阅缔约国《预备清单》：	第 27COM 8A 号决定
《预备清单》作为计划与评估工具	
70．《预备清单》提供未来遗产名录申报信息，是缔约国、世界遗产委员会、秘书处及咨询机构的重要规划工具	

71．鼓励缔约国参考国际古迹遗址理事会（ICOMOS）和世界保护自然联盟（IUCN）应委员会要求准备的《世界遗产名录》和《预备清单》的分析报告，确定《世界遗产名录》内的空白。这些分析使缔约国能够比较主题、区域、地理文化群和生物地理区等方面以确定未来的世界遗产。	第 24COM 号 决 定 第VI.2.3.2（ii）段文 书 WHC-04/28.COM/13.B 1 和 2请登录：http://whc.unesco.org/archive/2004/whc04-28com-13b1e. pdf 和 http://whc.unesco.org/archive/2004/whc04-28com-13b2e.pdf
72．另外，鼓励缔约国参考由专家咨询机构完成的具体主题研究报告（见147 段）。这些研究包括《预备清单》评估、《预备清单》协调会议报告，以及专家咨询机构和其他具资质的团体和个人的相关技术研究。完成的研究报告列表详见：http://whc.unesco.org/en/globalstrategy	主题研究报告异于缔约国申报遗产列入《世界遗产名录》时编撰的比较分析（见第 132 段）
73．鼓励缔约国在区域和主题层面协调《预备清单》。在这个过程中，缔约国在专家咨询机构的协助下，共同评估各自的《预备清单》，发现差距并确认共通主题。通过协调，《预备清单》可以得到改进，缔约国可能会申报新遗产，并与其他缔约国合作准备申报材料。	
<u>缔约国准备《预备清单》过程中的协助和能力建设</u>	
74．要实施《全球战略》，就有必要共同致力于协助缔约国进行能力建设和培训，获取和/或增强在编写、更新和协调《预备清单》及准备申报材料的能力。	
75．在准备、更新和协调《预备清单》方面，缔约国可以请求国际援助（见第七章）。	
76．专家咨询机构和秘书处可在考察评估期间，举办地区培训班，对列入名录中遗产很少的国家在准备预备清单和申报材料的方法上提供帮助。	第 24COMVI.2.3.5 号决定
II.D 突出的普遍价值的评估标准	这些标准起初分为两组，标准（i）至（vi）适用于文化遗产，标准（i）至（iv）适用于自然遗产。世界遗产委员会第 6 届特别会议决定将这十个标准合起来（第 6EXT.COM 5.1号决定）
77．如果遗产符合下列一项或多项标准，委员会将会认为该遗产具有突出的普遍价值（见 49～53 段）。所申报遗产因而必须：	
（i）代表人类创造精神的杰作；	
（ii）体现了在一段时期内或世界某一文化区域内重要的价值观交流，对建筑、技术、古迹艺术、城镇规划或景观设计的发展产生过重大影响；	
（iii）能为现存的或已消逝的文明或文化传统提供独特的或至少是特殊的见证；	
（iv）是一种建筑、建筑群、技术整体或景观的杰出范例，展现历史上一个（或几个）重要发展阶段；	

（v）是传统人类聚居、土地使用或海洋开发的杰出范例，代表一种（或几种）文化或者人类与环境的相互作用，特别是由于不可扭转的变化的影响而脆弱易损；	
（vi）与具有突出的普遍意义的事件、文化传统、观点、信仰、艺术作品或文学作品有直接或实质的联系（委员会认为本标准最好与其他标准一起使用）；	
（vii）绝妙的自然现象或具有罕见自然美的地区；	
（viii）是地球演化史中重要阶段的突出例证，包括生命记载和地貌演变中的地质发展过程或显著的地质或地貌特征；	
（ix）突出代表了陆地、淡水、海岸和海洋生态系统及动植物群落演变、发展的生态和生理过程；	
（x）是生物多样性原地保护的最重要的自然栖息地，包括从科学或保护角度具有突出的普遍价值的濒危物种栖息地。	
78．被认为具有突出的普遍价值，遗产必须同时符合完整性和/或真实性的条件并有足够的保护和管理机制确保其得到保护。	
II.E 完整性和/或真实性	
真实性	
79．依据标准（i）至（vi）申报的遗产须具备真实性。附件 4 中包括关于真实性的《奈良文件》，为评估遗产的真实性提供了操作基础，概要如下：	
80．理解遗产价值的能力取决于关于该价值信息来源的真实度或可信度。对涉及文化遗产原始及后来特征的信息来源的认识和理解，是分析评价真实性各方面的必要基础。	
81．对于文化遗产价值和相关信息来源可信性的评价标准可能因文化而异，甚至同一种文化内也存在差异。出于对所有文化的尊重，必须将文化遗产放在它所处的文化背景中考虑和评价。	
82．依据文化遗产类别及其文化背景，如果遗产的文化价值（申报标准所认可的）之下列特征是真实可信的，则被认为具有真实性： 　外形和设计； 　材料和实体； 　用途和功能； 　传统，技术和管理体制； 　位置和背景环境； 　语言和其他形式的非物质遗产； 　精神和感觉；以及 　其他内外因素。	
83．精神和感觉这样的特征在真实性评估中虽不易操作，却是评价一个地方特征和气质的重要指标，例如，在保持传统和文化连续性的社区中。	
84．所有这些信息的采用允许文化遗产在艺术、历史、社会和科学各层面的价值得以被充分考虑。"信息来源"指所有物质的、书面的、口头的和图形的信息，以使理解文化遗产的性质、特征、意义和历史成为可能。	
85．在准备遗产申报考虑真实性条件时，缔约国首先要明确所有适用的真实性的重要特征。真实性声明应该评估真实性在每个特征上的体现程度	

86．在真实性问题上，考古遗址或历史建筑及地区的重建只有在极个别情况下才予以考虑。只有依据完整且详细的记载，不存在任何想象而进行的重建，才会被接纳。	
完整性	
87．所有申报《世界遗产名录》的遗产必须具有完整性。	第 20 COM IX.13 号决定
88．完整性用来衡量自然和/或文化遗产及其特征的整体性和无缺憾状态。因而，审查遗产完整性就要评估遗产满足以下特征的程度： a）包括所有表现其突出的普遍价值的必要因素； b）形体上足够大，确保能完整地代表体现遗产价值的特色和过程； c）受到发展的负面影响和/或被忽视。 上述条件需要在完整性陈述中进行论述。	
89．依据标准（i）至（vi）申报的遗产，其物理构造和/或重要特征都必须保存完好，侵蚀退化也得到控制。能表现遗产全部价值绝大部分必要因素也要包括在内。文化景观、历史名镇或其他活遗产中体现其显著特征的种种关系和能动机制也应予保存。	将完整性条件应用于依据标准（i）至（vi）的申报的遗产例证尚在开发
90．所有依据标准（vii）至（x）申报的遗产，其生物物理过程和地貌特征应该相对完整。当然，由于任何区域都不可能是完全天然，且所有自然区域都在变动之中，某种程度上还会有人类的活动。包括传统社会和当地社区在内的人类活动常常发生在自然区域内。这些活动常因具有生态可持续性而被视为同自然区域突出的普遍价值相一致。	
91．另外，对于依据标准（vii）至（x）申报的遗产来说，每个标准又有一个相应的完整性条件。	
92．依据标准（vii）申报的遗产应具备突出的普遍价值，且包括保持遗产美景的必要地区。例如，某个遗产的景观价值在于它的瀑布，那么只有将邻近的积水潭和下游地区同保持遗产美学价值密切相连、统一考虑，才能满足完整性条件。	
93．依据标准（viii）申报的遗产必须包括其自然关系中所有或大部分重要的相互联系、相互依存的因素。例如，"冰川期"遗址要满足完整性条件，则需包括雪地、冰河本身和凿面样本、沉积物和拓殖（例如，条痕、冰碛层及植物演替的先锋阶段等）。如果是火山，则岩浆层必须完整，且能代表所有或大部分的火山岩种类和喷发类型。	
94．依据标准（ix）申报的遗产必须具有足够大小，且包含能够展示长期保护其内部生态系统和生物多样性的重要过程的必要因素。例如，热带雨林地区要满足完整性条件，需要在海平面上有一定的垂直变化、多样的地形和土壤种类，群落系统和自然形成的群落；同样，珊瑚礁必须包括，诸如海草、红树林和其他为珊瑚礁提供营养沉积物的邻近生态系统。	
95．依据标准（x）申报的遗产必须是生物多样性保护的至关重要的价值。只有最具生物多样性和/或代表性的申报遗产才有可能满足该标准。遗产必须包括某生物区或生态系统内最具多样性的动植物特征的栖息地。例如，要满足完整性条件，热带草原需要具有完整的、共同进化的草食动物群和植物群；一个海岛生态系统则需要包括地方生态栖息地；包含多种物种的遗产必须足够大，能够包括确保这些物种生存的最重要的栖息地；如果某个地区有迁徙物种，则季节性的养育巢穴和迁徙路线，不管位于何处，都必须妥善保护	

II.F 保护和管理	
96.世界遗产的保护与管理须确保其在列入名录时所具有的突出的普遍价值以及完整性和/或真实性在之后得到保持或提升。	
97.列入世界遗产名录的所有遗产必须有长期、充分的从立法、规范、机制和/或传统等各方面的保护及管理以确保遗产得到保护。该保护必须包括充分描述的边界范畴。同样的，缔约国应该在国家、区域、城市和/或传统的各层面，适当保护申报遗产。申报文件上也需要附加明确解释保护措施的说明。	
立法、规范和契约性的保护措施	
98.国家和地方级的立法、规范措施应确保遗产的存在，且保护其突出的普遍价值以及完整性和/或真实性不因社会发展变迁受到负面影响。缔约国还需要保证这些措施得到切实有效地实施。	
有效保护的界限	
99.界限描述是对申报遗产进行有效保护的关键条件。界限必须明确划定以确保遗产突出的普遍价值及其完整性和/或真实性得到充分体现。	
100.依据标准（i）至（vi）申报的遗产，划定界限需要包括所有能够直接体现遗产的突出、普遍价值的区域和有形的特征，以及在将来的研究中有可能对遗产价值进一步加深理解的区域。	
101.依据标准（vii）至（x）的申报，划定界限要反映其成为世界遗产基本条件的栖息地、物种、过程或现象的空间要求。界限须包括与具有突出的普遍价值紧邻的足够大的区域以保护其遗产价值不因人类活动的直接侵蚀和该区域外资源开发而受到损害。	
102.所申报遗产的界限可能会与一个或多个已存在或建议保护区相同，例如国家公园或自然保护区，生物圈保护区或历史文物保护区。虽然保护区可能包含几个管理带，可能只有部分地带能达到世界遗产的标准。	
缓冲区	
103.只要有必要，就应设立足够大的缓冲区以保护遗产。	
104.为了有效保护申报遗产，缓冲区是指遗产周围区域，其使用和开发被补充法和/或公共规定限制，以此为遗产增加保护层。缓冲区应包括申报遗产所在区域、重要景观，以及其他在功能上对遗产及其保护至关重要的区域或特征。通过合适的机制来决定缓冲区的构成区域。申报时，需要提供有关缓冲区大小、特点、授权用途的详细信息以及一张精确标示界限和缓冲区的地图。	
105.申报材料中还需明确描述缓冲区在保护申报遗产中的作用。	
106.如果没有建立缓冲区的提议，则申报材料需要对此予以解释。	
107.虽然缓冲并非所申报的遗产的正式组成部分，但是《世界遗产名录》内遗产的缓冲区的任何变动都需经世界遗产委员会批准。	
管理体制	
108.每一个申报遗产都应有合适的管理规划或其他有文可依的管理体制，其中需要详细说明应如何采用多方参与的方式，保护遗产突出的普遍的价值。	
109.管理体制旨在确保现在和将来对申报遗产进行有效的保护。	
110.有效的管理体制的内容取决于申报遗产的类别、特点和需求以及其文化和自然环境。由于文化背景、可用资源及其他因素的影响，管理体制也会有所差别。管理体制可能包含传统做法、现存的城市或区域规划手段和其他正式和非正式的规划控制机制	

111．考虑到上述多样性问题，有效管理体制需包括以下因素： a）各利益方对遗产价值共同的透彻理解； b）规划、实施、监管、评估和反馈的循环机制； c）合作者与各利益相关方的共同参与； d）必要资源的配置； e）能力建设；以及 f）对管理体制运作的可信、公开透明的描述。	
112．有效管理包括长期和日常对申报遗产的保护、管理和展示。	
113．另外，为了实施《公约》，世界遗产委员会还建立了反应性监控程序（见第Ⅳ章）和《定期报告》机制（见第Ⅴ章）。	
114．如果是系列遗产，能确保各个组成部分协调管理的管理体制或机制非常必要，应该在申报材料中阐明（见第137~139段）。	
115．在某些情况下，管理规划或其他管理体制在该遗产向世界遗产委员会提出申报时还没有到位。相关缔约国则需要说明管理规划或体制何时能到位以及如何调动必要资源准备和实施新的管理规划或体制。缔约国还需要提供其他文件（例如，操作计划），在管理规划出台之前指导遗产的管理。	
116．如果遗产的内在本质由于人类活动而受到威胁，但仍旧满足第78至95段规定的真实性或完整性的标准和条件，概述纠正措施的行动计划需要和申报材料一起提交。如果缔约国并未在拟定的时间内采取纠正措施，委员会将会依据相关程序将该遗产从名单上删除（见Ⅳ.C节）。	
117．缔约国要对境内的世界遗产实施有效的管理。缔约国要同其他参与各方密切合作管理遗产，其中包括遗产地管理人员、管理权力机关和其他合作者及遗产管理的相关利益方。	
118．委员会推荐缔约国将风险防范机制包括在其世界遗产管理规划和培训策略中。	第28COM10B.4号决定
可持续使用	
119．世界遗产会有各种各样已存和拟开发的具有生态、文化可持续性的使用价值。缔约国和合作者必须确保这些可持续性利用不会有损遗产的突出的普遍价值，以及其完整性和/或真实性。另外，任何用途应该具有生态及文化可持续性。对于有些遗产来说，人类不宜使用。	

Ⅲ.列入《世界遗产名录》的程序	
Ⅲ.A 准备申报文件	
120．申报文件是委员会考虑是否将某项遗产列入《世界遗产名录》的基础。所有相关信息都应该包括在申报材料中，且信息应与其出处相互参照。	
121．附件3为缔约国就具体类别遗产编撰申报文件提供指南。	
122．缔约国在着手准备遗产申报前，应先熟悉第168段中描述的申报周期。	
123．申报过程当中当地群众的参与很必要，能鼓励他们与缔约国共同承担保护遗产的责任。委员会鼓励多方参与编撰申报文件，其中包括遗产管理人员、地方和地区政府、当地社区、非政府组织和其他相关团体。	
124．缔约国在编撰申报文件时，如第Ⅶ.E章节中所描述的那样，可以申请"预备协助"。	
125．鼓励缔约国同秘书处联系，在整个申报过程中获得帮助	

126．秘书处还可以提供： a）在确定合适的地图和照片以及从哪些部门取得这些资料方面的帮助； b）成功申报参考案例以及管理方法和立法条款； c）为申报不同类别的遗产的指导，例如文化景观、历史城镇、运河和遗址 线路（见附件 3）； d）为申报系列遗产和跨界遗产的指导（见第 134～139 段）。	
127．缔约国可以在每年的 9 月 30 日前（第 168 段）提交申报草案以听取秘 书处的意见、接受审查。申报草案的提交是自愿的。	
128．任何时候都可以提交申报，但只有在 2 月 1 日或之前递交到秘书处且 完整的申报（见第 132 段）才会在次年被世界遗产委员会审核，决定是否列 入名录。委员会只审查缔约国《预备清单》内列有的遗产（见第 66 段）。	
III.B 申报文件的格式和内容 129.《世界遗产名录》申报应依据附件 5 所示格式提交材料。	
130．格式包括如下部分： 1．遗产确认 2．遗产描述 3．申报理由 4．保护情况和影响因素 5．保护和管理 6．监控 7．记录 8．负责当局的联系信息 9．缔约国代表签名	
131.《世界遗产名录》申报是重内容轻表象的。	
132．"完整"申报需要满足下列要求：	
1．遗产确认 应清晰地定义申报遗产边界，清楚区分申报遗产和任何缓冲区（若存在）（见 第 103～107 段）。地图应足够详细，能精确标出所申报的陆地和/或水域。 若可能的话，应提供缔约国最新的官方地形图，并注解遗产边界。没有清晰 的边界定义，申报被认为是"不完整的"。	
2．遗产描述 遗产描述应包括遗产确认及其历史发展概述。应确认、描述所有的成图组成 部分，如果是系列申报，应清晰描述每一组成部分。 在遗产的历史和发展中应描述遗产是如何形成现在的状态以及所经历的重 大变化。这些信息应包含所需的重要事实以证实遗产达到突出的普遍价值的 标准，满足完整性和/或真实性条件。	
3．申报理由 本部分应指出遗产申报依据的标准（见第 77 段），且须明确说明依据此标准 的原因。基于该标准，缔约国提交的遗产《突出的普遍价值声明》（见第 49～ 53 段及第 155 段）应明确说明该遗产为什么该遗产值得列入《世界遗产名 录》。应提供该遗产与类似遗产的对比分析，不论该类似遗产是否在《世界 遗产名录》上，是国内还是国外遗产。对比分析应说明申报遗产在国内及国 际上的重要性。完整性和/或真实性声明也应一并附上，且须显示该遗产如 何满足第 78～95 段所述的条件	缔约国申报遗产时递交的 比较分析不应和委员会专 家咨询机构的主题研究相 混淆（见下面的第 148 段） 第 7EXT.COM 4A 号决定

4. 遗产保护情况和影响因素

本部分应包括目前遗产保护情况的准确信息（包括遗产的物理条件和现有的保护措施）。同时，也应包括影响遗产的因素描述（包括威胁）。本部分提供的基本信息将成为将来监控申报遗产保护情况需要参考的底线数据。

5. 保护和管理

保护：第五部分包括与遗产保护最相关的立法、规章、契约、规划、机制和/或传统各层面措施，提供保护措施实际操作方法的详尽分析。立法、规章、契约、规划和机制文本或者文本摘要应以英文或法文附上。

管理：适宜的管理方案或管理体制很必要，应包括在申报文件中，并期望确保该管理方案或管理体制的有效执行。

管理方案或者管理体制文献的副本应附在申报文件后。如果管理方案为非英语或非法语，应附上英语或法语的条款详述。

应提供管理方案或者管理体系的详尽分析或者说明。

申报文件若不包括上述文本则被认为是不完整的，除非在管理方案完成之前，依据 115 段所述提交指导遗产管理的其他文书。

6. 监测

在申报材料中，缔约国应包括衡量、评估遗产保护情况的关键指标、影响遗产的因素、现有遗产保护措施、审查周期及负责当局的名称。

7. 文献记录

应提供充实申报所需的文献记录。除了上述文件之外，还应包括照片，35mm 幻灯片，图像库及官方形式照片。申报文本应以打印形式和电子文档提交（软盘或光盘）。

8. 负责当局的联系信息

应提供负责当局的详细联系信息。

9. 缔约国代表签名

申报材料结尾应有缔约国授权的官方代表签名。

10. 所需打印副本数量

● 文化遗产申报文件（不包括文化景观）：2 个副本

● 自然遗产申报：3 个副本

● 混合遗产和文化景观申报：4 个副本

11. 文件和电子版

申报材料应是 A4 纸（或信纸），同时有电子版（软盘或光盘）。且至少一个副本应是活页形式，以方便复印。

12. 寄送

缔约国应提交英语或法语申报材料至：

法国巴黎

联合国教科文组织 世界遗产中心

（7，place de Fontenoy 75352 Paris 07 SP France）

电话：+33（0）1 4568 1136

传真：+33（0）1 4568 5570

E-mail：wh-nominations@unesco.org

133．秘书处会保留和申报一起提交的所有相关资料（地图、规划、照片资料等）	
Ⅲ.C 各类遗产申报的要求	
跨境遗产	
134．被申报的遗产可能 a）位于一个缔约国境内，或者 b）位于几个接壤的缔约国境内（跨境遗产）	第 7EXT.COM 4A 号决定
135．跨境遗产的申报应由几个缔约国在任何可能的地方遵照大会公约第 11.3 条共同准备和递交。大会强烈建议各相关缔约国建立联合管理委员会或类似组织负责该遗产的总体管理。	
136．位于一个缔约国境内的现有世界遗产的扩展部分可以申请成为跨境遗产。	
系列遗产	
137．系列遗产应包括几个相关组成部分，并属于 a）同一历史文化群体； b）具有某一地域特征的同一类型的遗产； c）同一地质、地形构造，同一生物地理亚区，或同类生态系统； 同时，系列遗产作为一个整体（而不是其中个别部分）必须具有突出的普遍价值	
138．被申报的系列遗产可能 a）位于一个缔约国境内（本国系列遗产） b）位于不同缔约国境内，不必相连，同时须经过所有相关缔约国同意递交申报（跨国系列遗产）	第 7EXT.COM 4A 号决定
139．如被申报的第一项遗产本身具有突出的普遍价值，系列遗产（无论是由一国或是多国提起的）可历经数轮申报周期，递交申报文件并接受评估。计划在数轮周期中分阶段进行系列申报的缔约国可向委员会说明此意向，以确保计划更加完善。	
Ⅲ.D 申报的登记	
140．收到各缔约国递交的申报文件后，秘书处将回执确认收讫，核查材料是否完整，然后进行登记。秘书处将向相关专家咨询机构转交完整的申报文件，由专家咨询机构进行评估。经专家咨询机构提请，秘书处将向缔约国索要补充信息。登记的时间表和申报的受理程序在第 168 段中有详细说明。	
141．秘书处在每届委员会会议时拟定并递交一份所有接收到的申报名单，包括接收的日期，申报文件"完整"与否的陈述，以及按照第 132 段的要求将申报文件补充完整的日期。	第 26 COM 14 和 28 COM 14B.57 号决定
142．申报周期从递交之日起到世界遗产委员会做出决定之日结束，通常历时一年半，每年 2 月递交申报至翌年 6 月委员会做出决定。	
Ⅲ.E.专家咨询机构评估申报	
143．专家咨询机构将评估各缔约国申报的遗产是否具有突出的普遍价值，是否符合完整性或真实性，以及是否能达到保护和管理的要求。国际古迹遗址理事会和世界自然保护联盟的评估程序和格式在附件 6 中有详细说明	

144．对文化遗产申报的评估将由国际古迹遗址理事会完成	
145．对自然遗产申报的评估将由世界自然保护联盟完成	
146．作为"人文景观"类申报的文化遗产，将由国际古迹遗址理事会与世界自然保护联盟磋商之后进行评估。对于混合遗产的评估将由国际古迹遗址理事会与世界自然保护联盟共同完成。	
147．如经世界遗产委员会要求或者在必要情况下，国际古迹遗址理事会与世界自然保护联盟将开展主题研究，将被申报的世界遗产置于地区、全球或主题背景中进行评估。这些研究必须建立在各缔约国递交的预备清单审议、关于预备清单协调性的会议报告以及由专家咨询机构或具备相关资质的组织或个人进行的其他技术研究的基础之上。已完成的相关研究列表见附件 3 第三节和专家咨询机构的网站。这些研究不得与缔约国在申报世界遗产时准备的"比较分析"相混淆（见第 132 段）。	国际古迹遗址理事会：http://www.icomos.org/studies/ 世界保护自然联盟：http://www.iucn.org/themes/wcpa/pubs/Worldheritage.htm
148．以下为国际古迹遗址理事会和世界自然保护联盟的评估与陈述所遵循的原则。评估与陈述必须 a）遵守《世界遗产公约》和相关的操作指南，以及委员会在决议中规定的其他政策； b）做出客观、严谨和科学的评估； c）依照一致的专业标准； d）评估和陈述均必须遵守标准格式，必须与秘书处一致，同时必须注明进行实地考察的评估员的名字； e）清晰分明地指出申报遗产是否具有突出的普遍价值，是否符合完整性和/或真实性的标准，是否拥有管理规划/系统和立法保护； f）根据所有相关标准，对每处遗产进行系统地评估，包括其保护状况，并与缔约国境内或境外其他同类遗产的保护状况进行比较； g）应注明所援引的委员会决定和关于被审议的申报的要求； h）不考虑或载列缔约国于申报审议当年 3 月 31 日后递交的任何信息。同时应通知缔约国，因收到的信息已逾期，所以不被纳入考虑之列。必须严格遵守申报截止日期； i）同时提供支持他们论点的参考书目（文献）。	第 28 COM 14B.57.3 号决定 第 28 COM 14B.57.3 号决定
149．专家咨询机构在审查其评估意见后，应在每年的 1 月 31 日以前向各缔约国进行最终征询或索要信息。	第 7 EXT.COM 4B.1 号决定
150．相关缔约国应邀在委员会大会开幕至少两个工作日前致信大会主席，附寄致专家咨询机构的复印件，详细说明他们在专家咨询机构对其申报的评估意见中发现的事实性错误。此信将被翻译成工作语言，分发给委员会成员，也可在评估陈述之后由主席宣读。	第 7 EXT.COM 4B.1 号决定
151．国际古迹遗址理事会和世界自然保护联盟的建议分三类： a）建议无保留列入名录的遗产； b）建议不予列入名录的遗产； c）建议发还待议或推迟列入的遗产	

III.F 撤销申报	
152. 缔约国可以在讨论该申报的委员会会议之前任何时候撤销所递交的申报，但必须以书面形式向秘书处说明此意图。如某缔约国希望撤回申报，它可以重新递交一份遗产的申报，此时的申报根据第 168 段所列程序和时间表将会被作为一项新申报。	
III.G 世界遗产委员会的决定	
153. 世界遗产委员会决定一项遗产是否应被列入《世界遗产名录》、待议或是推迟列入。	
列入名录	
154. 决定将遗产列入《世界遗产名录》时，在专家咨询机构的指导下，委员会将通过该遗产的《突出的普遍价值声明》。	
155.《突出的普遍价值声明》应包括委员会关于该遗产具有突出的普遍价值的决定摘要，明确遗产列入名录所遵循的标准，包括对于完整性或真实性状况及实施保护和管理的要求评估。此声明将作为未来该遗产保护和管理的基础。	
156. 列入名录时，委员会也可就该世界遗产的保护和管理提出其他的建议。	
157. 委员会将在其报告和出版物中公布《突出的普遍价值声明》（包括某具体遗产列入《世界遗产名录》的标准）。	
决定不予列入	
158. 如委员会决定某项遗产不予列入名录，除非在例外情况下，该申报不可重新向委员会提交。这些例外情况包括新发现，有关该遗产新的科学信息或者之前申报时未提出的不同标准。在上述情况下，允许提交新的申报。	
发还待议的申报	
159. 委员会决定发还缔约国以补充相关信息的申报，可以在委员会下届会议上重新递交并接受审议。补充信息须在委员会拟定审议当年 2 月 1 日前呈交秘书处。秘书处将直接转交相关专家咨询机构进行评估。发还的申报如在原委员会决定下达三年内不曾提交委员会，再次递交审议时将被视为一项新申报。申报时依据第 168 段所列程序及时间表进行。	
推迟的申报	
160. 为了进行更深入的评估和研究，或便于缔约国对申报进行重大修改，委员会可能会做出推迟申报的决定。如该缔约国决定重新递交被推迟的申报，应于 2 月 1 日之前向秘书处提交。届时相关专家咨询机构将根据第 168 段所列程序和时间表对这些申报重新进行周期为一年半的评估。	
III.H 紧急受理的申报	
161. 如某项遗产在相关专家咨询机构看来毫无疑问符合列入《世界遗产名录》的标准，且因为自然或人为因素受到损害或面临重大危险，其申报材料的提交和申报的受理不适用通常的时间表和关于材料完整性的定义。这类申报将被紧急受理，可能会被同时列入《世界遗产名录》和《濒危世界遗产名录》（见第 177~191 段）	

162. 紧急受理申报的程序如下：	
a）缔约国呈交申报并要求紧急受理。该缔约国此前已将该项遗产纳入《预备清单》，或者很快将其纳入《预备清单》。	
b）该项申报应 i）描述及定义所申报的遗产； ii）根据标准论证其具有突出的普遍价值； iii）论证它的完整性和真实性； iv）描述其保护和管理体制； v）描述情况的紧迫性，包括损害或危险的性质和程度，说明委员会即刻采取行动与否关乎该遗产的存续。	
c）由秘书处直接将该申报转交相关专家咨询机构，要求对其具有的突出普遍价值以及对紧急情况、损害和/或危险的性质进行评估。如相关专家咨询机构认为恰当，须进行实地勘察。	
d）如相关专家咨询机构判定该遗产毫无疑问地符合列入名录的标准，并满足上述条件，该项申报的审议将被列入委员会下一届会议议程。	
e）审议该申报时，委员会将同时考虑： i）列入濒危世界遗产名录； ii）提供国际援助，完成申报工作； iii）列入名录后尽快由秘书处和相关专家咨询机构组织后续工作代表团。	
III.I 修改世界遗产的范围、原列入标准或名称	
范围的轻微变动	
163. 轻微变动是指对遗产的范围及对其突出普遍价值影响不大的改动。	
164. 如某缔约国要求对已列入《世界遗产名录》的遗产范围进行轻微修改，该国可于 2 月 1 日以前通过秘书处向委员会递交申请。在征询相关专家咨询机构的意见之后，委员会或者批准该申请，或者认定范围修改过大，足以构成扩展项目，在后一种情况下适用新申报程序。	
范围的重大变动	
165. 如某缔约国提出对已列入《世界遗产名录》的遗产范围进行重大修改，该缔约国应将其视为新申报并提交申请。再次申报应于 2 月 1 日以前递交，并根据第 168 段所列程序和时间表接受周期为一年半的评估。该规定同时适用于对遗产范围的扩展和缩减。	
《世界遗产名录》所依据标准的变动	
166. 当某缔约国提出按照补充标准或不同于初次列入的标准，将遗产列入名录，该国应将其视为新申报并提交申请。再次申报应于 2 月 1 日以前递交，并根据第 168 段所列程序和时间表接受周期为一年半的评估。所推荐遗产将只依照新的标准接受评估，即使最后对补充标准不予认定，该项遗产仍将保留在《世界遗产名录》上。	
世界遗产项目名称的更改	
167. 缔约国可申请委员会批准对已列入世界遗产名录的遗产名称进行更改。更名申请应至少在委员会会议前三个月递交秘书处	

III.J 时间表——总表

168. 时间表	程序
9月30日（第一年之前） 11月15日（第一年之前）	秘书处收到各缔约国自愿提交的申报材料草稿的自定期限 秘书处就申报材料草稿完整与否答复申报的缔约国，如不完整，注明要求补充的信息。
第一年2月1日	秘书处收到完整的申报材料以便转交相关专家咨询机构评估的最后期限 申报材料必须在格林尼治时间17点以前到达，如当天为周末则必须在前一个星期五的17点（格林尼治时间）以前到达 在此日期后收到的申报材料将进入下一轮周期审议
第一年2月1日–3月1日	登记、评估完整性及转交相关专家咨询机构 秘书处对各项申报进行登记，向申报的缔约国下发回执并将申报内容编目。秘书处将通知申报的缔约国申报材料是否完整 不完整的申报材料（见第132段）不予转交相关专家咨询机构进行评估。如材料不完整，相关缔约国将被通知于翌年2月1日最后期限以前补齐所缺信息以便参与下一轮周期的审议 完整的申报材料由秘书处转交相关专家咨询机构进行评估
第一年3月1日	秘书处告知各缔约国申报材料接收情况的最后期限，说明材料是否完整以及是否于2月1日以前收讫
第一年3月–翌年5月 翌年1月31日 翌年3月31日	专家咨询机构的评估 如有必要，相关专家咨询机构会要求缔约国在评估期间，最迟在翌年1月31日之前递交补充信息 缔约国经秘书处向相关专家咨询机构转呈其要求的补充信息的最后期限。向秘书处呈交的补充信息应依照第132段中具体列出的数量准备复印件和电子版。为了避免新旧文本的混淆，如所递交的补充信息中包含对申报材料主要内容的修改，缔约国应将修改部分作为原申报文件的修正版提交。修改的部分应清楚地标出。新文本除印刷版外还应附上电子版（光盘或软盘）
世界遗产委员会年会前六周 翌年	相关专家咨询机构向秘书处递送评估意见和建议，由秘书处转发给世界遗产委员会及各缔约国
世界遗产委员会年会开幕前至少两个工作日 翌年	缔约国更正事实性错误 相关缔约国可在委员会大会开幕前至少两个工作日致信大会主席，附寄致专家咨询机构的复印件，详细说明他们在专家咨询机构对于其申报的评估意见中发现的事实性错误
世界遗产委员会年会 （6月/7月）翌年	委员会审议申报并做出决定
世界遗产委员会年会结束	通知各缔约国 凡经委员会审议的申报，秘书处将通知该缔约国有关委员会的决定事宜 在世界遗产委员会决定将某处遗产列入世界遗产名录之后，由秘书处书面通知该缔约国及遗产管理方，并提供列入名录区域的地图及突出的普遍价值声明（注明列入标准）
世界遗产委员会年会结束	每年委员会会议结束之后，秘书处随即公布最新的《世界遗产名录》 公布的名录将注明申报项目列入世界遗产名录的缔约国名称，标题为："根据公约递交遗产申报的缔约国"
世界遗产委员会年会闭幕后一个月	秘书处会将世界遗产委员会全部决定的公布报告转发各缔约国

IV.对世界遗产保护状况的监测程序	
IV.A 反应性监测	
反应性监测的定义	
169．反应性监测是指由秘书处、联合国教科文组织其他部门和专家咨询机构向委员会递交的有关具体濒危世界遗产保护状况的报告。为此，每当出现异常情况或开展可能影响遗产保护状况的活动时，缔约国都须于 2 月 1 日之前经秘书处向委员会递交具体报告和影响调查。反应性监测也涉及已列入濒危世界遗产名录及待列入的遗产如第 177～191 段所述。同时如第 192～198 段所述，从《世界遗产名录》中彻底删除某些遗产之前须进行反应性监测。	
反应性监测的目标	
170．通过反应性监测程序时，委员会特别关注的是如何采取一切可能的措施，避免从世界遗产名录中删除任何遗产。因此，只要情况允许，委员会愿意向缔约国提供这方面的技术合作。	《公约》第 4 条 "本公约缔约国均承认，保证第 1 条和第 2 条中提及的、本国领土内的文化和自然遗产的确定、保护、保存、展出和遗传后代，主要是有关国家的责任……"
171．委员会建议缔约国与委员会指定的专家咨询机构合作，这些专家咨询机构受命代表委员会对列入世界遗产名录的遗产的保护工作进展进行监督和汇报。	
来自缔约国和/或其他渠道的信息	
172．如《公约》缔约国将在受公约保护地区开展或批准开展大规模修复或建设工程，且可能影响到遗产突出的普遍价值，世界遗产委员会促请缔约国通过秘书处向委员会告知该意图。缔约国必须尽快（例如，在起草具体工程的基本文件之前）且在任何难以逆转的决定做出之前发布通告，以便委员会及时帮助寻找合适的解决办法，保证遗产的突出普遍价值得以维护。	
173．世界遗产委员会要求检查世界遗产保护情况的工作报告必须包括： a）说明自从世界遗产委员会收到上一份报告以来，遗产所面临的威胁或保护工作取得的重大进步。 b）世界遗产委员会此前关于遗产保护状况的决定的后续工作 c）有关遗产赖以列入《世界遗产名录》的突出普遍价值、完整性和/或真实性受到威胁、破坏或减损的信息	第 27 COM 7B.106.2 号决定
174．一旦秘书处从相关缔约国以外的渠道获悉，已列入名录的遗产严重受损或在拟定期限内未采取必要的弥补措施，秘书处将与有关缔约国接洽、证实消息来源和内容的真实性并要求该国对此做出解释。	
世界遗产委员会的决定	
175．秘书处将要求相关专家咨询机构评价获取的信息	

176．获取的信息与相关缔约国和专家咨询机构的评价一起以遗产保护状况报告的形式呈交委员会审阅。委员会可采取以下一项或多项措施：

a）委员会可能认定该遗产未遭受严重损害，无须采取进一步行动；

b）当委员会认定该遗产确实遭受严重损害，但损害不至于不可修复，那么只要有关缔约国采取必要措施在合理时间期限之内对其进行修复，该遗产仍可在《世界遗产名录》上保留。同时委员会也可能决定启动世界遗产基金对遗产修复工作提供技术合作，并建议尚未提出类似要求的缔约国提出技术援助申请；

c）当满足第 177～182 段中所列要求与标准时，委员会可决定依照第 183～189 段所列程序将该遗产列入濒危遗产名录；

d）如证据表明，该遗产所受损害已使其不可挽回地失去了赖以列入世界遗产名录的诸项特征，委员会可能会做出将该遗产从《世界遗产名录》中删除的决定。在采取任何措施之前，秘书处都将通知相关缔约国。该缔约国做出的任何评价都将上呈委员会；

e）当获取的信息不足以支持委员会采取上述 a），b），c），d）项中的任何一种措施时，委员会可能会决定授权秘书处采取必要手段，在与相关缔约国磋商的情况下，确定遗产当前状态、所面临的危险及充分修复该遗产的可行性，并向委员会报告行动结果；类似措施包括派遣人员实地调查或咨询专家。当需要采取紧急措施时，委员会可批准通过世界遗产基金的紧急援助筹措所需资金。

IV.B《濒危世界遗产名录》

列入《濒危世界遗产名录》的指导方针

177．依照《公约》第 11 条第 4 段，当一项遗产满足以下要求时，委员会可将其列入《濒危世界遗产名录》。

a）该遗产已列入《世界遗产名录》；

b）该遗产面临严重的、特殊的危险；

c）该遗产的保护需要实施较大规模的工程；

d）已申请依据公约为该遗产提供援助。委员会认为，在某些情况下对遗产表示关注并传递这一信息可能是其能够提供的最有效的援助（包括将遗产列入《濒危世界遗产名录》所传递的信息）；此类援助申请可能由委员会成员或秘书处提出。

列入《濒危世界遗产名录》的标准

178．当委员会查明一项世界遗产（如公约第 1 条和第 2 条所定义）符合以下两种情况中至少一项标准时，该遗产可被列入《濒危世界遗产名录》

179．如属于文化遗产：

a）已确知的危险——该遗产面临着具体的且确知即将来临的危险，例如

i）材料的严重受损；

ii）结构和/或装饰元素严重受损；

iii）建筑和城镇规划的统一性严重受损；

iv）城市或乡村空间，或自然环境严重受损；

v）历史真实性严重受损；

vi）文化意义严重受损

b）潜在的危险——该遗产面临可能会对其固有特性造成严重损害的威胁。此类威胁包括： i）该遗产法律地位的改变而引起保护力度的减弱； ii）缺乏保护政策； iii）地区规划项目的威胁； iv）城镇规划的威胁； v）武装冲突的爆发或威胁 vi）地质、气候或其他环境因素导致的渐进的变化	
180．如属于自然遗产： a）已确知的危险——该遗产面临着具体的且确知即将来临的危险，例如 i）作为确立该项遗产法定保护地位依据的濒危物种或其他具有突出普遍价值的物种数量由于自然因素（例如疾病）或人为因素（例如偷猎）锐减。 ii）遗产的自然美和科学价值由于人类的定居、淹没遗产重要区域的水库的兴建、工农业的发展（包括杀虫剂和农药的使用，大型公共工程，采矿，污染，采伐等）而遭受重大损害。 iii）人类活动对保护范围或上游区域的侵蚀，威胁遗产的完整性。 b）潜在的危险——该遗产面临可能会对其固有特性造成严重损害的威胁。此类威胁包括： i）该地区的法律保护地位发生变化； ii）在遗产范围内实施的，或虽在其范围外但足以波及和威胁到该遗产的移民或开发项目； iii）武装冲突的爆发或威胁； iv）管理规划或管理系统不完善或未完全贯彻。	
181．另外，威胁遗产完整性的因素必须是人力可以补救的因素。对于文化遗产，自然因素和人为因素都可能成为威胁，而对于自然遗产来说，威胁其完整性的大多是人为因素，只有小部分是由自然因素造成的（例如传染病）。某些情况下，对遗产完整性造成威胁的因素可通过行政或法律手段予以纠正，如取消某大型公共工程项目，加强遗产保护的法律地位。	
182．在审议是否将一项文化或自然遗产列入《濒危世界遗产名录》时，委员会可能要考虑到下列补充因素 a）政府往往是在权衡各种因素后才做出影响世界遗产的决定。因此世界遗产委员会如能在遗产遭到威胁之前给予建议，该建议往往具有决定性。 b）尤其是对于已确知的危险，对遗产所受的物质和文化损害的判断应基于其影响力度之上，并应具体问题具体分析。 c）对于潜在的危险必须首先考虑： i）结合遗产所处的社会和经济环境的常规进程对其所受威胁进行评估； ii）有些威胁对于文化和自然遗产的影响是难以估量的，例如武装冲突的威胁； iii）有些威胁在本质上不会立刻发生，而只能预见，例如人口的增长。 d）最后，委员会在作评估时应将所有未知或无法预料的但可能危及文化或自然遗产的因素纳入考虑范围	

列入《濒危世界遗产名录》的程序	
183．在考虑将一项遗产列入《濒危世界遗产名录》时，委员会应尽可能与相关缔约国磋商，制订或采纳一套补救方案。	
184．为制订前段所述补救方案，委员会应要求秘书处尽可能与相关缔约国合作，弄清遗产的现状，查明其面临的危险并探讨补救措施的可行性。此外委员会还可能决定派遣来自相关专家咨询机构或其他组织具备相应资历的观察员前往实地勘查，鉴定威胁的本质及程度，并就补救措施提出建议。	
185．获取的信息及相关缔约国和专家咨询机构或其他组织的评论将经秘书处送交委员会审阅。	
186．委员会将审议现有信息，并就是否将该遗产列入《濒危世界遗产名录》做出决定。出席和表决的委员会成员须以 2/3 多数通过此类决定。之后委员会将确定补救方案，并建议相关缔约国立即执行。	
187．依照《公约》第 11 条第 4 段，委员会应将决定通告相关缔约国，并随即就该项决定发表公告。	
188．由秘书处印发最新的《濒危世界遗产名录》。同时也可在以下网站上获取最新的《濒危世界遗产名录》：http://whc.unesco.org/en/danger	
189．委员会将从世界遗产基金中特别划拨一笔相当数量的资金，对列入《濒危世界遗产名录》的遗产提供可能的援助。	
对于《濒危世界遗产名录》上遗产保护状况的定期检查	
190．委员会每年将对《濒危世界遗产名录》上遗产的保护状况进行例行检查。检查的内容包括委员会可能认为必要的监测程序和专家特派团。	
191．在定期检查的基础上，委员会将与有关缔约国磋商，决定是否： a）该遗产需要额外的保护措施； b）当该遗产不再面临威胁时，将其从《濒危世界遗产名录》中删除； c）当该遗产由于严重受损而丧失赖以列入世界遗产名录的特征时，考虑依照第 192～198 段所列步骤将其同时从世界遗产名录和《濒危世界遗产名录》中删除。	
Ⅳ.C 《世界遗产名录》彻底除名的程序	
192．在以下情况下，委员会采取以下步骤，把某项遗产从《世界遗产名录》中除名： a）遗产发生蜕变程度严重，已丧失了其作为世界遗产的决定性特征； b）遗产在当初申报的时候便因为人为因素导致其内在特质受到威胁，而缔约国在规定时间内又没有采取必要的补救措施（见第 116 段）。	
193．《世界遗产名录》内遗产严重受损，或者缔约国没有在限定的时间内采取必要的补救措施，此遗产所在缔约国应该将真实情况通知秘书处。	
194．如果秘书处从缔约国之外的第三方得到了这种信息，秘书处会与相关缔约国磋商，尽量核实信息来源与内容的可靠性，并要求他们对此发表评论。	
195．秘书处将要求相关专家咨询机构把他们对所收到信息的意见提交委员会。	
196．委员会将审查所有可用信息，做出处理决定。根据《保护世界文化与自然遗产公约》第 13（8）条的规定，委员会 2/3 以上的委员到场并投票同意，该决定方能通过。在未就此事宜与缔约国协商之前，委员会不应做出把遗产除名的决定。	
197．应通知缔约国委员会的决定，同时尽快将决定对外公布。	
198．如果委员会的决定变更了目前的《世界遗产名录》，那么，变更内容会体现在下一期的《世界文化遗产名录》中。	

V.关于《世界遗产公约》实施的《定期报告》	
V.A 目标	
199. 要求缔约国经由世界遗产委员会将其为实施《世界遗产公约》通过的法律和行政条款以及采取的其他行动的报告提交教科文组织大会,其中包括其领土内世界遗产的保护状况。	《世界遗产公约》第 29 条,缔约国第 11 届大会 (1997 年),以及联合国教科文组织第 29 届大会决议
200. 缔约国可以向专家咨询机构和秘书处征求意见,专家咨询机构和秘书处 (在相关缔约国同意的前提下) 也可以将咨询工作进一步授权给其他专业咨询机构。	
201.《定期报告》主要有以下四个目的: a) 评估缔约国《世界遗产公约》的执行情况; b) 评估《世界遗产名录》内遗产的突出的普遍价值是否得到持续的保护; c) 提供世界遗产的更新信息,记录遗产所处环境的变化以及遗产的保护状况; d) 就《世界遗产公约》实施及世界遗产保护事宜,为缔约国提供区域间合作以及信息分享、经验交流的一种机制。	
202.《定期报告》不仅对更有效的长期保护遗产作用重大,而且提高了执行《世界遗产公约》的可信性。	
V.B.程序和格式	
203. 世界遗产委员会: a) 采用附录 7 中的格式和注解; b) 邀请成员国政府每六年提交一次《定期报告》; c) 决定按下表逐个区域地审查缔约国的定期报告:	第 22 COM VI.7 号决定

地区	对遗产的检查	委员会年度检查
阿拉伯国家	1992 年	2000 年 12 月
非洲	1993 年	2001 年 12 月/2002 年 7 月
亚太地区	1994 年	2003 年 6—7 月
拉丁美洲和加勒比地区	1995 年	2004 年 6—7 月
欧洲和北美洲	1996 年/1997 年	2005 年/2006 年 6—7 月

d) 要求秘书处与专家咨询机构合作,发挥缔约国、主管部门及当地专家的作用,根据上文 c) 段下的时间表制定定期报告的区域性策略。	
204. 上面提到的区域性策略应该体现当地的特征,并且能够促进缔约国间的合作与协调。这一点对于那些跨界遗产尤为重要。秘书处会就这些区域性策略的制定和执行事宜与缔约国磋商。	
205. 为期六年的定期报告周期结束后,会按上表标明的顺序对各区域再次进行评估。首个六年周期后,新周期开始前,会留出一段时间,对定期报告机制进行评估和修正	

206. 缔约国的定期报告主要包括以下两部分： a）第一部分包括缔约国通过的为执行《保护世界文化与自然遗产公约》的法律和行政条款及采取的其他行动，以及在这一领域获得的相关经验的细节。特别是与《保护世界文化与自然遗产公约》中具体条款所规定的义务相关。 b）第二部分阐述了在缔约国领土内特定世界遗产的保护状况。本部分应完整说明每个世界遗产的情况。 附录 7 中提供了格式注解。	本格式在委员会的第 22 届大会上通过（1998 年，京都）。2006 年首轮定期报告结束后，可能修订现有格式。为此，目前尚未对该格式做出任何修改。
207. 为了便于信息管理，缔约所提交的报告必须一式两份，一份英文，一份法文，并同时提交电子版本和纸印版本至： 联合国教科文组织世界遗产中心 法国巴黎 （7，place de Fontenoy 75352 Paris 07 SP France） 电话：+33（0）1 45 68 15 71 传真：+33（0）1 45 68 55 70 E-mail：wh-info@unesco.org	
V.C 评估和后续工作	
208. 秘书处将国家报告整理，并写入"世界遗产区域性报告"。可登录以下网址，获得"世界遗产区域性报告"的电子版：http://whc.unesco.org/en/publications 及文本（世界遗产系列文件）。	
209. 世界遗产委员会认真审查《定期报告》所述议题，并且就出现的问题向相关区域的缔约国提出建议。	
210. 委员会要求秘书处、专家咨询机构与相关缔约国磋商，根据其《战略目标》制定长期"区域性计划"，并且将该计划上交以供考虑。计划应该能够准确地反映该区域世界遗产保护的需求，方便国际援助。委员会还表示支持《战略目标》与国际援助之间的直接联系。	
VI. 鼓励对《世界遗产公约》的支持	
VI.A 目标	《世界遗产公约》第 27 条
211. 目标如下： a）加强能力建设与研究； b）提高公众意识，使其逐渐理解并重视保护文化与自然遗产的重要性； c）增强世界遗产在当地社会生活中的作用； d）增强地方及全国公众对遗产保护和展示活动的参与。	《世界遗产公约》第 5（a）条
VI.B 能力建设与研究	
212. 委员会根据"战略目标"，致力于缔约国内的能力建设。	《布达佩斯世界遗产宣言》（2002 年）

全球培训策略	
213．委员会认识到为保护、管理和展示世界遗产，高技能和多学科的方法是必不可少的，为此，委员会通过了"世界文化和自然遗产的全球培训策略"。"全球培训策略"的首要目标是确保各领域参与者获得必要的技能，以便更好地实施《公约》。为了避免重复同时为了有效实施策略，委员会将确保与以下两个文件之间的联系：构建具有代表性、平衡性、可信性的《世界遗产名录》的《全球战略》和《定期报告》。委员会将每年评审相关培训议题、评估培训需求、审阅年度报告并为进一步的培训提供建议。	"世界文化和自然遗产的全球培训策略"于世界遗产委员会第 25 届会议通过（芬兰赫尔辛基，2001 年）（见文书 WHC-01/CONF.208/24 附件 X）
国家培训策略和区域性合作	
214．鼓励缔约国确保其各级专业人员和专家均训练有素。为此，鼓励缔约国制定全国培训策略，并把区域合作培训作为战略的一部分。	
研究	
215．委员会在有效实施《公约》所需的研究领域展开并协调国际合作。既然知识和理解对于世界遗产的确认、管理和监测起着至关重要的作用，那么还鼓励缔约国提供研究所需资源。	
国际援助	
216．缔约国可向世界遗产基金申请培训和研究资金援助（见第Ⅶ章）。	
VI.C 公众意识提升与教育	
公众意识提升	
217．鼓励缔约国提高公众对世界遗产保护必要性的认识。尤其应确保世界遗产地位在当地得到明确标识和足够的宣传。	
218．秘书处向缔约国提供援助，开展活动，以提高公众对《公约》的认识，并使公众对世界遗产所面临的威胁有更深了解。秘书处会就如何筹划及开展"国际援助"资助的现场推广与教育项目向缔约国提出建议。也会征求专家咨询机构和国家有关部门关于此事项的建议。	
教育	
219．世界遗产委员会鼓励并支持编撰教育材料，开展教育活动，执行教育方案。	
国际援助	
220．鼓励缔约国开展世界遗产相关教育活动，尽可能争取中小学校、大学、博物馆以及其他地方或国家的教育机构的参与。	《世界遗产公约》第 27.2 条
221．秘书处与联合国教科文组织教育部及其他伙伴合作，开发并出版世界遗产教育培训教材："世界遗产掌握在年轻人手中"。此教材供全世界的中学生使用。也可作适当改动为其他受教育水平的人群使用。	可访问：http://whc.unesco.org/education/index.htm 查阅"世界遗产掌握在年轻人手中"
222．缔约国可向世界遗产基金申请国际援助，以提升遗产保护意识，开展教育活动与方案（见第Ⅶ章）	

VII.世界遗产基金和国际援助	
VII.A 世界遗产基金	
223．世界遗产基金是信托基金，是《公约》依据"联合国教科文组织财务条例"的规定建立的。此基金由《公约》缔约国义务缴纳或自愿捐献及基金规章授权的其他来源组成。	《世界遗产公约》第 15 条
224．基金财务条例写进文书 WHC/7 内，可登录以下网址查阅：http://whc.unesco.org/en/financialregulations	
VII.B.调动其他技术及财政资源，展开合作，支持《世界遗产公约》	
225．应尽可能发挥世界遗产基金的作用，开发更多资金来源，支持国际援助。	
226．根据《公约》第 V 部分的规定，在符合活动或项目开展的情况下，委员会决定，应该接受世界遗产基金收到的用于以下活动或项目的任何捐款：国际援助活动和其他联合国教科文组织《世界遗产名录》遗产保护项目。	
227．要求缔约国除了向世界遗产基金义务捐款之外，还要对《公约》提供自愿支持。自愿支持包括向世界遗产基金提供额外捐款，或者直接对遗产地提供财政或技术援助。	《世界遗产公约》第 15（3）条
228．鼓励缔约国参与联合国教科文组织发起的国际集资活动，旨在保护世界遗产。	
229．如果缔约国或者其他组织个人捐款支持这些活动或是支持其他联合国教科文组织的世界遗产保护项目，委员会鼓励他们通过世界遗产基金捐款。	
230．鼓励缔约国创立国家、公共和私人基金或机构，用来筹资支持世界遗产保护。	《世界遗产公约》第 17 条
231．秘书处支持调动财政或技术资源，保护世界遗产。为此，秘书处在遵守世界遗产委员会和联合国教科文组织相关指南和规定的前提下，与公共或私人组织发展合作伙伴关系。	
232．秘书处在为世界遗产基金展开外部筹资时，应该参考"联合国教科文组织与私人、预算外筹资来源合作的相关指示"以及"调动私人资金指导方针和选择潜在合作伙伴的标准"。这些文件可以登录以下网站查阅：http://whc.unesco.org/en/privatefunds	"联合国教科文组织与私人、预算外集资来源合作的相关指示"（第 149EX/Dec.7.5 号决定的附录）和"调动私人资金的指导方针和选择潜在合作伙伴的标准"（第 156EX/Dec.9.4．号决定的附录）
VII.C 国际援助	
233.《公约》向各缔约国提供国际援助，保护其领土内的列入名录的世界文化和自然遗产以及符合名录要求的潜在世界遗产。当缔约国在本国不能筹集足够资金时，国际援助可以作为缔约国保护、管理世界遗产及《预备清单》内遗产的补充援助。	见《世界遗产公约》第 13 条（1&2）和第 19～26 条
234．国际援助主要来源于世界遗产基金，世界遗产基金是依据《世界遗产公约》建立的。委员会两年一次就援助发放做出决定	《世界遗产公约》第 IV 部分

235．世界遗产委员会应缔约国的请求，协商分配各种国际援助。国际援助有以下几种，按照优先程度排列如下： a）紧急援助 b）筹备性援助 c）培训与研究援助 d）技术合作 e）教育、信息和公众意识提升援助。	
Ⅶ. D 国际援助的原则和优先权	
236．国际援助将优先给予那些《濒危世界遗产名录》内的遗产。委员会规定了具体的预算分配线，确保世界遗产基金相当大一部分用来救援《濒危世界遗产名录》内的遗产。	《世界遗产公约》第 13（1）条
237．如果缔约国拖欠世界遗产基金的义务或是自愿捐款，那么该国没有资格享受国际援助，但这一条不适用于紧急援助。	第 13 COM XII.34 号决定
238．委员会也会根据"地区计划"的优先顺序分配国际援助，以支持其"战略目标"。这些"地区计划"是作为《定期报告》的后续活动采纳的，委员会根据报告中提出的各缔约国的具体需要，定期审核这些计划（见第Ⅴ章）。	第 26 COM 17.2 号、26 COM 20 号和 26 COM 25.3 号决定
239．委员会在分配国际援助时，除了按照上面第236～238段所说的优先性顺序外，还会考虑以下因素： a）引起推动及倍增效应（"种子基金"），具有吸引其他资金或技术援助的可能性；	
b）申请国际援助的国家是否为联合国经济社会发展政策委员会所定义的最不发达国家或低收入国家；	
c）对世界遗产采取保护措施的紧急性；	
d）受益缔约国是否有法律、行政措施或者（在可能情况下）财政决心来开展保护活动；	
e）活动对于实现委员会制定的"战略目标"的进一步推动；	第 26 段
f）活动满足反应性监测过程和/或《定期报告》地区分析所指出的需求的程度；	第 20 COM XII 号决定
g）该活动对科学研究以及开发高效节能保护技术的示范价值；	
h）该活动的成本和预期效果；	
i）专业培训和公众教育价值。	
240．为保持对文化与自然遗产的援助资源分配的平衡，委员会将定期检查和作出相应决策	

Ⅶ.E 总表

241.

国际援助种类	目的	最高预算额	提交申请的截止日期	核准机构
紧急援助	这些援助可用于《濒危世界遗产名录》及《世界遗产名录》内遭受明显及潜在威胁的遗产，其由于突然、不可预料的现象，或遭受严重损坏或遭受迫切威胁。这些不可预料的现象包括土地沉陷、大火、爆炸、洪水和诸如战争等人为灾难。此类援助不用于那些由渐进的腐蚀、污染和侵蚀造成的损害和蜕化。这些救助只用来救助那些与保护世界遗产直接相关的紧急情况（见第 28 COM 10B 2.c 号）。如果有可能的话，这些救助会用来援助同一缔约国的多处遗产（见第 6EXT.COM 15.2 号决定）。最高预算额适用单个世界遗产。要求援助用于： （i）采取紧急措施保护遗产； （ii）遗产保存、保护的紧急方案。	最多 75.000 美元 多于 75.000 美元	任何时间 2 月 1 日	委员会主席 委员会
筹备性援助	要求援助用于： （i）准备或更新适合列入《世界遗产名录》的国家《预备清单》中的遗产； （ii）在同一地理文化区域内组织会议，综合调整各国家《预备清单》； （iii）准备申报列入《世界遗产名录》的遗产申报文件（其中可能包括准备与其他类似遗产的对比分析）（见附录 5 的 3c）； （iv）准备世界遗产保护所需培训与研究援助及技术合作的申请。 筹备性援助优先满足《世界遗产名录》内没有遗产或遗产很少的缔约国的申请。	最多 30.000 美元	任何时间	委员会主席
培训和研究援助	要求援助用于： （i）在世界遗产的识别、监测、保护、管理以及展示各领域培训各层工作人员和专家，以团体培训为主； （ii）对世界遗产有利的科学研究； （iii）针对世界遗产保护、管理与展示科学技术问题的研究； 注释：向联合国教科文组织提出的对个人培训课程给予资金支持的请求，应首先填写可从秘书处领取的"访问学者申请"表格。	最多 30.000 美元 最多 30.000 美元	任何时间 2 月 1 日	委员会主席 委员会
技术合作	要求援助用于： （i）为列在《濒危世界遗产名录》和《世界遗产名录》上的遗产的保护、管理和展示提供专家、技师和熟练技工； （ii）为列在《濒危世界遗产名录》和《世界遗产名录》上的遗产的保护、管理和展示提供缔约国所需的设备； （iii）为列在《濒危世界遗产名录》和《世界遗产名录》上的遗产的保护管理和展示提供所需的低利率或零利率贷款，并允许较长还款周期	最高 30.000 美元 多于 30 000 美元	任何时间 2 月 1 日	委员会主席 委员会

国际援助种类	目的	最高预算额	提交申请的截止日期	核准机构
教育、信息和公众意识提升上的援助	要求援助用于： （i）用于地区性和国际性的方案、活动和会议，旨在： - 帮助在特定区域内的国家增加对《世界遗产公约》的兴趣和了解； - 提高对有关公约实施的各方面问题的认识，在执行《世界遗产公约》过程中提高对不同议题的认识，推动公众对《公约》应用更积极地参与。 - 成为经验交流的渠道； - 刺激和推动在教育、信息、宣传推广活动中的合作，特别要鼓励和支持年轻人参与的世界遗产保护活动。 （ii）国家层面上： - 组织特别会议，让《公约》更广为人知，特别是在青年一代中；或根据《世界遗产公约》第17条，创立国家世界遗产协会； -积极讨论、准备教育和宣传材料（例如通过宣传手册、出版物、展览、电影、多媒体工具等），宣传推广尤其在年轻人中《公约》和《世界遗产名录》而不是宣传某特定遗产。	最多5 000美元 在5 000美元和10 000美元之间	任何时间 任何时间	世界遗产中心主任 委员会主席

Ⅶ.F 程序和格式	
242．鼓励所有申请国际援助的缔约国在申请的构想、计划和拟定期间，与秘书处和专家咨询机构进行磋商。为了协助缔约国申请国际援助，委员会可应要求为其提供国际援助的成功申请案例。	
243．国际援助的申请表格可参阅附录8，第Ⅶ.E 章的总表概述了提交的种类、金额以及截止期限和核准批准机构。	
244．用英语或者法语提出申请，联合国教科文组织国家委员会、联合国教科文组织缔约国常驻代表团和/或相关政府部门在申请上签字并负责提交至。 联合国教科文组织世界遗产中心 法国巴黎（7，place de Fontenoy 75352 Paris 07 SP France） 电话：+33（0）1 4568 1276 传真：+33（0）1 4568 5570 E-mail：wh-intassistance@unesco.org	
245．缔约国可通过电子邮件申请国际援助，但是必须同时提交一份签字的正式书面申请。	
246．必须提供申请表中所要求填写的一切信息。在适当或必要的时候，可以随申请表附上相关信息、报告等。	
Ⅶ.G 国际援助的评估和批准	
247．如果缔约国的国际援助申请信息完整，秘书处在专家咨询机构的帮助下会通过以下方式及时处理每份申请。	
248．所有文化遗产国际援助的申请都由国际古迹遗址理事会和国际文物保护和修复研究中心评估	第13 COM XII.34号决定

249. 所有混合遗产国际援助的申请都由国际古迹遗址理事会、国际文物保护和修复研究中心和世界自然保护联盟评估。	
250. 所有自然遗产国际援助的申请都由世界自然保护联盟评估。	
251. 专家咨询机构采用的评估标准在附录 9 中列明。	
252. 所有提交主席批准的申请都可以随时提交至秘书处，在适当的评估后主席会予以批准。	
253. 主席不能批准来自本国的申请。委员会将审查这些申请。	
254. 所有提交委员会审批的申请要在 2 月 1 日或之前交到秘书处。秘书处会将这些申请在下届会议时提交给委员会。	
Ⅶ.H 合同安排	
255. 联合国教科文组织与相关缔约国政府或其代表要达成协议：在使用批准的国际援助时，必须要遵守联合国教科文组织规章，并与之前批准的申请中所描述的工作计划和明细保持一致。	
Ⅶ.I 国际援助的评估和后续跟踪	
256. 在整个申请程序结束后 12 个月之内，将开始对国际援助申请实施展开监测和评估。秘书处和专家咨询机构会对评估结果进行比较，委员会将对这些结果定期进行检查。	
257. 委员会对国际援助的实施、评估和后续工作进行审查分析，以便评估国际援助的实效性并调整国际援助的优先顺序。	
Ⅷ.世界遗产标志	
Ⅷ.A 前言	
258. 在世界遗产委员会第二届大会上（华盛顿，1978 年），采用了由米歇尔·奥利夫设计的世界遗产标志。这个标志表现了文化与自然遗产之间的相互依存关系：代表大自然的圆形与人类创造的方形紧密相连。标志是圆形的，代表世界的形状，同时也是保护的象征。标志象征《公约》，体现缔约国共同坚守《公约》，同时也表明了列入《世界遗产名录》中的遗产。它与公众对《公约》的了解相互关联，是对《公约》可信度和威望的认可。总之，它是《公约》所代表的世界性价值的集中体现。	
259. 委员会决定，由该艺术家设计的该标志可采用任何颜色或尺寸，主要取决于具体用途、技术许可和艺术考虑。但是标志上必须印有"world heritage（英语"世界遗产"）、Patrimoine Mondial"（法语"世界遗产"）的字样。各国在使用该标志时，可用自己本国的语言来代替"Patrimoine Mondial"（西班牙语"世界遗产"）字样。	
260. 为了保证标志尽可能地引人注目，同时避免误用，委员会在第 22 届大会（京都，1998 年）上通过了《世界遗产标志使用指南和原则》（Guidelines and Principles for the Use of the World Heritage Emblem），内容在后续段落有所说明	

261．尽管《公约》并未提到标志，但是自 1978 年标志正式通过以来，委员会一直推广采用标志用于标示受《公约》保护并列入《世界遗产名录》的遗产。	
262．世界遗产委员会负责决定世界遗产标志的使用，同时负责制定如何使用标志的政策规定。	
263．按照委员会在其第 26 届大会（布达佩斯，2002 年）上的要求，世界遗产标志、"世界遗产"名字本身，以及它所有的派生词都已根据《保护工业产权巴黎公约》第 6 条进行了注册而受到保护。	第 26COM15 号决定
264．标志还有筹集基金的潜力，可以用于提高相关产品的市场价值。在使用标志的过程中，要注意在以下两者之间保持平衡，即在正确使用标志推进《公约》目标的实现，在世界范围内最大限度地普及《公约》知识；和预防不正确、不适当以及未经授权、出于商业或其他目的滥用标志之间保持平衡。	
265．《世界遗产标志使用指南和原则》，以及质量控制的模式不应成为推广活动开展合作的障碍。负责审定标志使用的权威机构（见下文），在做出决定时需要有所权衡和参照。	
VIII.B 适用性	
266．本文所述的《指南和原则》涵盖了以下各方使用标志的所有可能情况： a. 世界遗产中心； b. 联合国教科文组织出版处和其他联合国教科文机构； c. 各个缔约国负责实施《公约》的机构或国家委员会； d. 世界遗产地； e. 其他签约合作方，尤其是那些主要进行商业运营的机构。	
VIII.C 缔约国的责任	
267．缔约国政府应该采取一切可能的措施，防止未经委员会明确认可的任何组织以任何目的使用标志。鼓励缔约国充分利用国家立法，包括《商标法》。	
VIII.D 世界遗产标志的正确使用	
268．列入《世界遗产名录》的遗产应标有标志和联合国教科文组织标识，但要以不给遗产本身造成视觉上的负面影响为前提。	
制作标牌，庆祝遗产列入《世界遗产名录》	
269．一旦遗产列入《世界遗产名录》，该缔约国将尽一切可能附上标牌加以纪念。这些标牌用于告知该国公众和外国参观者该遗产具有特殊的价值并已得到国际社会的认可。换句话说，该遗产不仅对所在国也对整个世界具有非同寻常的意义。除此之外，该标牌还有另外一个作用，就是向公众介绍《世界遗产公约》，或至少宣传世界遗产的概念和《世界遗产名录》。	

270．委员会就标牌的生产采用以下指导方针：

a）标牌应该挂放在容易被游客看到的地方，同时不损害遗产景观；

b）在标牌上应该显示世界遗产标志；

c）标牌上的内容应该能够体现遗产突出的普遍价值；考虑到这一点，内容中应该对遗产的突出特点加以描述。如需要，缔约国政府可以使用各种世界遗产出版物或世界遗产展览对相关遗产的说明。这些内容可直接从秘书处获取。

d）标牌上的内容应该参照《保护世界文化和自然遗产公约》，尤其是《世界遗产名录》及国际社会对列入《名录》的遗产的承认（不必具体指出是在委员会哪届会议上提出的）。标牌上的内容使用多种语言或许是必要的，因为通常会有大量外国游客参观。

271．委员会提供了以下内容作为范例：

"（遗产名称）已经列入《保护世界文化和自然遗产公约》中的《世界遗产名录》。遗产列入《名录》说明该项文化或自然遗产具有突出的普遍价值，对它的保护符合全人类的利益。"

272．在这段话的后面，可以加上对该遗产的简要介绍。

273．此外，政府当局应鼓励在诸如信笺抬头、宣传手册以及员工制服等物品上广泛使用世界遗产标志。

274．授权负责推广《保护世界文化和自然遗产公约》和世界遗产相关产品的第三方应突出显示世界遗产标志，并避免在特定产品上使用不同的标志或标识。

VIII.E 世界遗产标志的使用原则

275．有关机构在决定使用标志的过程中，应遵循以下原则：

a）标志应用于所有与《公约》工作密切相关的项目（包括在技术和法律许可的最大范围内，应用于那些已得到批准或已通过的项目上），以推广《公约》。

b）在决定是否授权使用标志时，应首先考虑相关产品的质量和内容，而非投入市场的产品数量或预期的资金回报。审核的主要标准应是所申请产品与世界遗产的原则与价值相关的教育、科学、文化和艺术价值。对于没有教育意义的或是教育意义很小的产品，如茶杯、T 恤、别针和其他旅游纪念品等，不应过于随便地统统予以批准。当然如委员会大会或者揭幕仪式等特殊场合可以特殊考虑。

c）所有涉及授权标志使用的决定必须避免模棱两可，并与《保护世界文化和自然遗产公约》明确表示和隐含的目标和价值相符。

d）除非依照这些原则得到授权，任何商业机构都不得直接在其产品上使用标志来表示对世界遗产的支持。虽然委员会承认，任何个人、组织或公司都可以自由出版或生产它们认为对世界遗产有利的产品，但委员会是唯一有权授予世界遗产标志使用权的官方机构，且它的授权必须遵守上述指南和原则。

e）只有当标志的使用与世界遗产直接相关时，其他签约合作方才能得到使用标志的授权。可以在所在国主管当局批准后得到使用授权

f）如果使用申请不涉及具体的世界遗产，或者不是该用途的中心环节，例如一般性的学术研讨会和/或有关科学问题或保护技术的讨论会，标志的使用只要根据上述指南和原则取得明确的批准。在使用标志的申请中，要明确说明预计能够促进《公约》的工作的标志使用的方式。

g）通常标志的使用权不能授予旅行社、航空公司，或任何其他盈利目的为主导的商业机构，除非在某些特殊情况下，世界遗产整体或特定的世界遗产地能明显从中获益。这类使用申请需要与指南和原则保持一致，同时得到所在国权威机构的批准。

秘书处不会因为标志使用的资金收入补偿，而接受旅行社或其他类似盈利机构的任何广告、旅游或其他促销计划。

h）如果在标志的使用过程中可产生商业效益，秘书处应该确保世界遗产基金从中分得部分收益，并与相关方签订合同或其他协议，以确定项目的性质和资金收益部分回馈基金会的安排。对于所有将标志用于商业目的的情况，秘书处和其他审议者在批准使用标志申请的过程中所消耗的一切高于常规的人力或物力成本都应该由提出申请方支付。

国家权威机构也要确保该国的遗产或者世界遗产基金能够分得一定的收益，确定申请项目的性质及资金的分配。	"联合国教科文组织与私人预算外集资相关的指示"（附在第 149EX/Dec.7.5 号决定中）以及"调动私人资金的指导方针和选择潜在合作伙伴的标准"（附在第 156EX/Dec.9.4 号决定中）
i）如果赞助商需要制造秘书处认为有必要进行广泛销售的产品，那么合作伙伴（或多个合作伙伴）的选择至少应与"有关联合国教科文组织与私人、额外预算资金来源进行合作的方针"、"调动私人资金和选择潜在合作伙伴的指南"以及其他委员会规定的集资规定保持一致。对于生产这些商品的必要性，必须做出书面声明，并且得到委员会的批准。	

VIII.F 使用世界遗产标志的授权程序

国家权威机构的初步认定

276. 当某国家或国际项目只涉及本国的世界遗产，国家权威机构可授权该实体使用世界遗产标志。国家权威机构的决定应遵守相关指南和原则。	
277. 缔约国需要向秘书处提供负责管理标志使用的权威机构的名称和地址。	1999 年 4 月 14 日通函 http://whc.unesco.org/circs/circ99-4e.pdf

要求对内容进行质量控制的协议

278. 标志使用的任何其他授权申请都需遵循以下步骤：

a）申请应该向世界遗产中心主任说明标志使用的目的、时间及使用地域。

b）世界遗产中心主任有权根据指南和原则批准使用标志。遇到指南和原则尚未涉及或未完全涵盖的情况，主任将申请提交委员会主席，如果遇到很难处理的情况，主席会将该申请提交委员会做最后决定。有关授权使用标志的年度报告都将提交世界遗产委员会。

c）如授权在不确定的时期内在广泛行销的主要产品上使用标志，生产商必须承诺与相关国协商，就有关其境内遗产的图片和文字取得其同意，同时生产商还应提供获取同意的证明，这一过程中秘书处将不承担任何费用。报批的文书须以委员会任意一种正式语言，或相关国家的语言书写。缔约国用于批准第三方使用标志的草拟范本格式如下：

内容批准表：

作为负责批准该国[国家名称]有关其境内世界遗产的图文产品的官方机构，[国家主管机构的名称]在此向[生产商名称]确认，提交的世界遗产[遗产名称]图文使用申请已[通过审批][如做出以下变更便可通过审批][未通过审批]。

（删除不适用的条目，并按需要提供更正后文字副本或签名的变更清单）。

注释：

建议在文本的每一页上都注明国家主管人员姓名的首位字母。

自收到申请之日起一个月内，国家主管机构应该做出答复，批准文本内容。如果生产商未接到答复，可视为该内容已得到默许，除非该国家主管机构书面提出延长批准时限。

为方便双方，提交给国家主管机构的申请文本使用的语言可为委员会两种官方语言中的一种，或是遗产所在国的官方语言（或官方语言之一）。

d）在审阅并且认为可批准申请后，秘书处可以与合作伙伴签订协议。

e）如果世界遗产中心主任没有批准标志的使用，秘书处会以书面形式通知申请方。

VIII.G 缔约国政府行使的质量控制权

279. 标志使用的授权与国家主管机构对相关产品实施的质量控制密切相关。

a）《公约》缔约国是唯一有权批准以与其境内世界遗产相关的遗产标志出现的行销产品内容（图文）的机构。

b）合法保护标志的缔约国必须审查标志的使用情况。

c）其他缔约国也可决定审查使用提议，或者将提议转交秘书处。缔约国政府负责指定相应的权威机构，并通知秘书处他们是否希望审查使用提议，或明确指出不适当的用途。秘书处持有相关各国家主管机构的名单。

IX.信息来源

IX.A　秘书处存档的信息

280. 秘书处将所有与世界遗产委员会和《保护世界文化和自然遗产公约》缔约国大会相关的资料存入数据库。该数据库可以登录以下网址查阅：http://whc.unesco.org/en/statutorydoc

281. 秘书处将确保《预备清单》和世界遗产申报文件副本（包括地图和缔约国提交的相关信息副本）已以印刷文本形式归档保存，在可能的情况下同时保存电子版本。秘书处也安排对已列入《世界遗产名录》的遗产的相关信息进行存档，其中包括专家咨询机构提交的评估意见和其他文件、缔约国提交的信函和报告（包括反应性监测和定期报告），以及秘书处和世界遗产委员会发出的信函和材料。

282. 存档材料的形式应适宜长期保存。将提供保存纸制和电子文件的相关设备。在缔约国提出要求的情况下，应为其制作和提供材料副本。

283. 委员会列入《世界遗产名录》的遗产的申报材料将对公共开放以供查阅，并敦促缔约国将申报材料的副本发布在自己的网站上，并通知秘书处。准备申报材料的缔约国可以将这些信息作为很好的指导，用来确认和完善本国境内遗产的申报材料

284. 专家咨询机构对每项申报的评估意见及委员会针对每项申报所做的决定都可以登录以下网站查阅：http://whc.unesco.org/en/advisorybodies	
IX.B 世界遗产委员会成员国和其他缔约国详细信息	
285. 秘书处保存了两个电子邮件清单：一份是委员会成员联系方式（wh-committee@unesco.org），另一份是缔约国联系方式（wh-states@unesco.org）。缔约国必须提供所有正确邮箱地址帮助建立清单。电子邮件清单补充但不会取代传统的邮寄通知方式，秘书处可通过电邮及时声明有关文件的出台、会议计划的变更，以及其他与委员会成员和其他缔约国相关事宜。	
286. 发给缔约国的通函可以在以下网址获得：http://whc.unesco.org/en/circularletters。 另一个网站与公共网址链接，但访问权限受到限制。该网站由秘书处负责维护，包含针对委员会委员、缔约国和专家咨询机构的具体详细信息。	
287. 秘书处同时还维护另外一个包含委员会各项决定和缔约国大会决议的数据库。这个数据库可登录以下网址查询：http://whc.unesco.org/en/decisions。	第 28COM9 号决议
IX.C. 对大众公开的信息和出版物	
288. 在可能的情况下，秘书处也提供注明对公众公开并不涉及版权的有关世界遗产和其他相关问题的信息。	
289. 与世界遗产有关的信息能够在秘书处网站（http://whc.unesco.org）、专家咨询机构网站和图书馆中获得。网上可以获得的数据库清单以及相关网站链接也可以在参考书目上找到。	
290. 秘书处编写了大量有关世界遗产的出版物，包括《世界遗产名录》、《濒危世界遗产名录》、《世界遗产简要介绍》、《世界遗产论文》系列、通信、宣传册和信息工具包。此外，其他专门为专家和大众准备的信息也逐步积累。世界遗产出版物清单可以在参考书目中找到，或者也可以登录以下网址查询：http://whc.unesco.org/en/publications。 这些信息资料直接向公众发行，或者通过各国家或缔约国/世界遗产合作伙伴建立的国际网络间接向社会发布。	